趣讲

U0193007

百年计算机：从计算器到 Windows

科学史

海上云 著

```
cCopy code
FILE* fp =
fopen("file.txt", "w");
fprintf
(fp, "Hello, file!\n");
fclose(fp);
..............
..............
..............
```

天地出版社 | TIANDI PRESS

图书在版编目（CIP）数据

百年计算机. 从计算器到Windows / 海上云著. —
成都：天地出版社，2024.1
（趣讲科学史）
ISBN 978-7-5455-7934-5

Ⅰ.①百… Ⅱ.①海… Ⅲ.①电子计算机- 技术史-
世界- 青少年读物 Ⅳ.①TP3-091

中国版本图书馆CIP数据核字（2023）第159925号

BAINIAN JISUANJI:CONG JISUANQI DAO Windows

百年计算机：从计算器到Windows

出品人	杨 政
总策划	陈 德
作 者	海上云
策划编辑	王 倩
责任编辑	刘桐卓
特约编辑	刘 路
美术编辑	周才琳
营销编辑	魏 武
责任校对	卢 霞
责任印制	刘 元　葛红梅

出版发行　天地出版社
　　　　　（成都市锦江区三色路238号　邮政编码：610023）
　　　　　（北京市方庄芳群园3区3号　邮政编码：100078）
网　　址　http://www.tiandiph.com
电子邮箱　tianditg@163.com
经　　销　新华文轩出版传媒股份有限公司

印　　刷　北京博海升彩色印刷有限公司
版　　次　2024年1月第1版
印　　次　2024年1月第1次印刷
开　　本　889mm×1194mm 1/16
印　　张　9
字　　数　120千字
定　　价　30.00元
书　　号　ISBN 978-7-5455-7934-5

咨询电话：(028) 86361282（总编室）
购书热线：(010) 67693207（营销中心）

本版图书凡印刷、装订错误，可及时向我社营销中心调换

目录

第1讲

谁是第一人？

——语文老师和科学通才的第一之争

语文老师和他的计算"神器"

天文学对计算的要求

在古代，人们用来做算术的工具无非是石子、手指、绳子、棍子（算筹）和珠子（算盘）。这里面最先进的是中国的算盘，它为古代中国的账房先生们提供了计算利器。但是，要想熟练应用算盘需要背诵口诀和相当长时间的训练，"三下五除二"并不是那么简单的事情。

到了 17 世纪，第谷、哥白尼、开普勒和伽利略等在天文学上有了一个又一个重大的发现，在推动科学发展的同时，也对天体运行轨迹的数学验算提出了很高的要求。

正是在这一时期的德国和法国，有两位发明家各自独立设计和制作出了用来计算的机械，开始了人类从简单工具走向精密计算器械的历程。

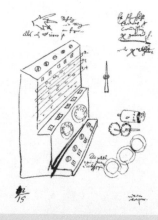

◀ 契克卡德和他的计算神器设计图

语文老师出场

首先登场的是德国的一位教授希伯来语的语文老师，名叫契克卡德（1592—1635年）。

契克卡德出生在德国西南部的一个小镇，17岁大学毕业，19岁获得硕士学位。他先是做了几年牧师，在27岁的时候成为图宾根大学的希伯来语教授。但是，这位语文老师爱好广泛，在天文学、数学和测量学等领域都有很深入的研究，后来他又被聘为天文学教授。他还喜欢发明机器，甚至在设计制作木雕和铜雕方面也享有盛誉。

1617年，契克卡德在他老师的家里碰到了他的大师兄，当时在欧洲天文界赫赫有名的开普勒（1571—1630年）。师兄弟一见之下，惺惺相惜，相互引为知己。从此，他俩在来往的信件中，时常碰撞出科学的火花。而这其中最耀眼的火花，就是契克卡德看到大师兄开普勒计算太辛苦，说道：师兄，让我为你排忧解难，给你制作一台可以进行运算的计算器吧。

计算器的主要构成

这台计算神器由3个部分组成，可以做6位数以内的加法、减法和乘法。

首先映入眼帘的是8根横排的细木条，这是做乘法用的。在细木条的背后，集成了英国数学家纳

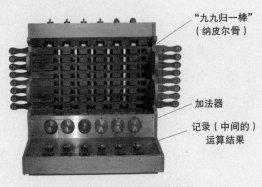

"九九归一棒"（纳皮尔骨）

加法器

记录（中间的）运算结果

▲ 契克卡德计算神器的复原

皮尔发明的乘法工具——纳皮尔骨，我们一会儿再详细分解。

往下看，是 6 个横着排的旋钮，像旧式收音机上的调谐钮。这是契克卡德最绝妙的加法器设计。

最下面一排的数字旋钮，是用来代替纸和笔，记录中间运算结果的。

纳皮尔骨，又叫纳皮尔计算尺，是由那位"仗剑行走天下，执笔独守书斋"的富八代英国数学家纳皮尔发明，用来辅助做乘法的工具。

心灵手巧的语文老师契克卡德，则用了一种非常巧妙的方法，把这个纳皮尔骨集成在他的计算"神器"里。

纳皮尔骨

纳皮尔骨由 10 根算筹组成，每根算筹上都刻有数码。如果你仔细看，上面刻的实际上是"九九乘法口诀表"。

在第一根算筹上，刻着 1 乘以 1 到 9 的值，就是我们乘法表里"一一得一，一二得二……一九得九"的那一段口诀。我们叫它 1 号骨。在第二根算筹上，刻着 2 乘以 1 到 9 的值。我们叫它 2 号骨……

就这样，1 号骨到 9 号骨，刻满一行行数字。

当乘法表的乘积值是两位数时，如 18，十位数的 1 写在格子的左角，个位数 8 写在格子的右角。当这个值是个位数时，如 9，则在左角写 0，右角写 9。

当然，还有 0 号骨，以求完整和十全十美，上面全是 0。

我们来看 425 乘以 6 是怎么运算的。

首先，选4号骨、2号骨、5号
骨，从左到右依次竖着排列，来表示被
乘数。

然后，看每根骨上第6行的格子，
6就是乘数。格子上面的数分别是24、
12和30，这是6乘上4、2、5三个数
的结果。

▲ 纳皮尔骨

接下来看右边的"纳皮尔骨乘法示
例"，把第6行第一个4号骨右下角的数
字4，和2号骨左上角的数字1加起来
得到5，把2号骨右下角的数字2，和
5号骨左上角的数字3加起来又得到5，
然后我们依次读数2550，就得到了6乘
上425的结果。

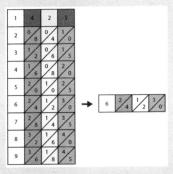

▲ 纳皮尔骨乘法示例 425×6=2 550

就这样，纳皮尔骨把乘法口诀表事先填入格子，把乘法分解成
简单的加法。这个过程，实际上和我们用笔和纸做乘法是一样的，
只不过不需要记忆"九九乘法口诀表"了。

当乘数是多位数时，需要看几行的格子，运算要复杂一些，但
是原理是一样的。

九九归一棒

契克卡德刻刀一挥，削出了6根木棒，为什么是6根呢？因为
这是6位数以内的运算，每1根表示1位数字。每1根木棒雕出10
个面，分别刻上0~9号纳皮尔骨上的数字。这样一来，每1根木
棒上都有完整的九九乘法表，可以称为"九九归一棒"。

下面我们来演示一下。

比如我们要做乘法，100722×4。

先通过顶部的旋钮，把6根"九九归一棒"，一根根旋转，直到第一排的小窗口里出现1、0、0、7、2、2。

然后，把标有4的横行木条轻轻一拉，会露出一个个小窗口，出现乘法口诀表：4，0，0，28，8，8。

就这样，一转一拉之间，相应的乘法表在"神器"上清晰展示。再把它们按照纳皮尔的方法加起来，就得到了最后的结果402888。

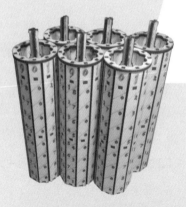

▲ （图片来源：Juewei/github）
契克卡德的"九九归一棒"集成了完整的"九九乘法表"

加法怎么进位？

接下来解剖契克卡德的加法器。在这6个加法器旋钮的背后，是6个转轴。每一个转轴上有等距间隔的10个齿轮，相隔36°。为什么是36°？因为一个圆圈是360°，除以10就是36°。

我们要加1时，就顺时针旋动旋钮1格，齿轮转动1格，就是36°。转动一圈，就是10格。

那么，加到10要进位的话怎么办呢？契克卡德的精妙设计出现了，在每个旋钮转动轴上，还有一颗"大门牙"——"单齿"，每当到了10需要进位时，它就"咬到"十位数的齿轮上去，推动十位数的齿轮转动1格，"咔嗒"一声，进位成功。

▲ （图片来源：Friedrich W. Kistermann/IEEE Annals of the History of Computing 2001）
契克卡德的"九九归一棒"集成了完整的"九九乘法表"

而十位数、百位数、千位数、万位数的转轴上，同样有这样的进位"大门牙"，每当进位时，它就会去狠狠地"咬"高位的齿轮，推动它转动一格。

▲ 契克卡德计算"神器"和乘法示例 100722×4=402888 的纪念邮票

加法可以做，那么减法呢？一模一样，只要逆时针旋动旋钮就可以了。

据说，契克卡德只造了两台原型计算器，当时也没有在科学界做推广宣传，所以并不为人所知。而契克卡德 43 岁时就因为鼠疫而早逝，没有机会进一步完善他的设计。后来由于失火，原物也没有留存下来。直到 1935 年，一位开普勒的传记作者在查阅开普勒的信件档案时，发现了契克卡德的来信和设计图稿，这才让世界知道有这样一位"语文老师"，发明了计算神器。

下一次如果有人说"你的数学是语文老师教的"，你可以反驳：语文老师咋了？第一台计算器就是一名语文老师发明的。我骄傲！所有的语文老师都应该骄傲！

如果我们抬眼望向天空中的月亮，他的名字在那里闪耀——一座以契克卡德的名字命名的环形山。

▲ 契克卡德计算"神器"内部的单齿进位

一根能思想的芦苇

接下来轮到契克卡德的竞争对手登场了。

天才帕斯卡

一位集哲学家、散文家、数学家、物理学家和发明家头衔于一身的法国人——帕斯卡（1623—1662 年）。

帕斯卡从小就展现了过人的天赋。12 岁时，他独立证明了三角形内角和等于两个直角（也就是 180°）以及欧几里得几何的前 32 条定理。

在他 14 岁那年，老爸带他参加巴黎数学家和物理学家小组的学术活动。那个小组是法兰西科学院的前身，梅森和笛卡儿等数学家活跃其中，而笛卡儿当时已经是欧洲最有影响力的哲学家和数学家之一了。帕斯卡的数学才华，让笛卡儿都盛赞不已。

帕斯卡的老爸是税务官，每天要做大量繁杂的计算。帕斯卡看 50 多岁的老父亲每天在灯下计算太过劳累，就说：老爸，让我来为您分忧，为您制作一台计算器吧。

▲ 帕斯卡

帕斯卡计算器

　　帕斯卡从 19 岁开始，花了 3 年时间，设计并自己动手制作了一台能自动进位的加减法计算装置，称为"帕斯卡计算器"。它像一个大的梳妆盒，上面是一排 6 个小窗口用于显示数字，下面是 6 个可以拨动的旋钮，像老式的拨号电话。在语文老师契克卡德的发明被发现之前，在 17 至 20 世纪中叶的 300 多年间，帕斯卡的计算器一直被认为是世界上第一台计算器。

　　虽然帕斯卡的计算器比契克卡德的计算器晚了 20 多年，但是，这是帕斯卡独立完成的发明，而且，里面有两项重大的技术突破，加上他制造了 50 多台供别人使用，至今仍有原件保留在博物馆里，所以，现在仍然有很多人把他称为发明计算器的第一人，尤其是在法国。1970 年发行的第一个结构化编程语言 Pascal 语言，就是为了纪念这位发明计算器的先驱。

语文老师和科学通才的第一之争

▲ 帕斯卡发明的计算器原件

巧妙的进位设计

帕斯卡计算器的第一项技术突破和"大门牙"有关。

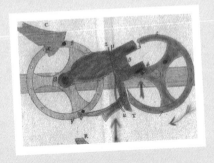

▲ 帕斯卡天才的进位设计

在帕斯卡最早的设计中，他也是采用了类似于契克卡德的单齿进位，叫作"长齿进位"装置：齿轮的 10 个齿中有一个齿稍长，正好可以"咬住"并推动高位的齿轮，实现进位。

但是，他很快发现了几个齿轮同时进位时，阻力很大，很容易损坏。

聪明过人的帕斯卡设计了一种形状像钩镰枪的装置。在需要进位的时候，低位的齿轮利用杠杆原理，很轻易地将这个装置抬起。而后，这个装置因为重力自由坠落，钩子顺势带动高位齿轮转动 36°，完成进位。

▲ 长齿进位机构

不过，帕斯卡的"钩镰枪"设计有一个缺陷，就是齿轮不能反转，只能正转。那么，减法应该怎么办呢？

帕斯卡又一次运用了他的智慧，开创性地引入了补码的概念，把减法转换成加法。这个概念，在今天的计算机系统中仍然被采用。

发明这个计算器，实际上只是帕斯卡众多成就中的一项而已。帕斯卡是可以同时名列数学史、物理学史和计算机史的一位科学家。能得到如此荣耀的科学家，是绝无仅有的。

"人是一根能思想的苇草。"这句话出自帕斯卡的哲学散文代表作《思想录》。这本书是他一生中思想精华的汇集。

1662 年 8 月 19 日帕斯卡英年早逝，终年只有 39 岁。

他曾说："生命的长短不能以时间来衡量，心中有爱时，刹那便是永恒。"是的，因为有了卓越的思想，有了爱，这根芦苇将永远挺立在历史的长河中，让人们敬仰。

补码

什么是补码呢？

我们看墙上的钟，假设现在是 10 点，你想调到 6 点。

你可以让分针逆时针转动 4 圈，减掉 4 小时。这是减法。但是，如果你的钟不能逆时针转，那怎么办呢？

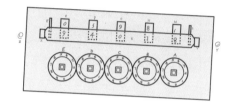

▲ 帕斯卡计算器：补码化减法为加法

你还可以用另一种方法：让分针顺时针转动 8 圈，加上 8 小时，这是加法。

你看，因为钟表以 12 个小时为一个周期，向后 4 小时，和向前 8 小时，效果是一样的。这是变减法为加法。

十进制的加法减法，同样可以这样巧妙地变换。

帕斯卡发现，如果我们以 9 为一个周期，1+8=9，1 和 8 之间就是互为补码的关系，这是"补九码"，两数互相补充，相加为 9——完美。同样地，2 的补码是 7，以此类推。

9-6 的减法运算，可以分三步走：

第一步：求 9 的补码 =0

第二步：0+6=6

第三步：求 6 的补码 =3

所以，最后的结果是 3。

如此，减法便可以转化为加法：a−b 就是 "a 的补码加上 b，再求补码事完毕"。

谁是第一人？

　　谁是发明计算器的第一人？对于这个问题，有过长期的争论。从时间上来说，契克卡德的设计更早，不过，他的设计有很大的缺陷，多位同时进位时齿轮不容易转动，更像一个试验的样机。而帕斯卡的计算器设计更为完美，经过了实用的检验。

　　实际上，关于第一人的名号之争，更多是由于我们这些后来人比较热衷于排名和一较高下。对于两位科学家而言，他们从来没有在意这个第一。他们用精密和巧妙的机械，制造出人类历史上最早的计算器，一个因为友情，一个出于亲情。这些冷冰冰没有生命的器具，从诞生的第一刻开始，就带着一股温情。

　　帕斯卡说过一句名言："人类的全部尊严，就在于思想。"当他发明计算器的时候，不知道他有没有预料到，人类对于计算机最大的、终极的争论便是：未来的机器到底会不会有思想？会不会有感情？**机器，最后会不会也成为一根能思想的芦苇，而且，比人类更加坚挺茁壮？**

三思小练习

　　1. 用纸板制作一个简易的纳皮尔骨，并用它来做888×9的乘法运算。

　　2. 契克卡德的加法器在计算99999+1时会有什么技术上的挑战？

　　3. 用补九码计算88888-66666。

最初的那一段温情

齿轮张开十指，
每一格旋动，顺转或者逆转，
便是一次心情的攀升，
或者沉落。

当每位数字转过一圈，
与近在咫尺另一双手的指尖，
轻轻一碰，紧扣，
此刻，是让彼此完整的圆满，
也是一场离别的开端。

而多年以后，你若，
轮回，生长，
在白雾蒙蒙的彼岸，
一枝能思想的芦苇，
是否仍握有，
远古时的那一段温情，
在白露未晞的胸口？

第2讲

计算机可以处理音乐

——编程的思想放光芒

特较真儿的人

在 19 世纪，英国最受欢迎的桂冠诗人是丁尼生。他有一首诗，其中的一句是这样的：

每一刻都有一个人逝去，

每一刻都有一个人降临人间。

一位特殊的读者来信说：按照诗人的说法，世上的人不会增加也不会减少。而根据他的数学算法，精确的、科学的说法应该是：每一刻都有一个人逝去，每一刻都有 1 又 1/16 个人降临人间。

对桂冠诗人提出疑问的人，是数学家巴贝奇（1791—1871 年）。他在英国学术界享有盛名，并担任过剑桥大学的卢卡斯数学教授。卢卡斯数学教授席位是剑桥大学的一个荣誉职位，授予对象是数学及物理相关的研究者，牛顿、狄拉克、霍金都曾担任此教席。数学家读诗，读出了不一样的境界。特较真儿，这是巴贝奇最重要的性格。

这位较真的数学家发现，当时的数学用表错误很多，就突发奇想，要制造一台做差分运算的机器，把数学用表都重新校正一遍。差分运算的数学原理，实际上是当年帕斯卡发现的：可以把平方、立方等指数运算简化成加减法。

▲ 巴贝奇

差分

比如说，这样的多项式函数

$f(x)=x^2+3x+1$

我们求它相邻的值之差 $\Delta f(x)=f(x+1)-f(x)$，就是差分，分别是 4、6、8、10、12。

然后，我们再求差分的差分，$\Delta^2 f(x)=\Delta f(x+1)-\Delta f(x)$，就是二阶差分。能想到这一步是非常了不起的。当我们求二阶差分的时候，奇迹出现了，它是一个常数 2。

根据这个规律，我们只要先求 3 个初始值：

$f(0)=1$

$\Delta f(0)=4$

$\Delta^2 f(0)=2$

x	$f(x)$	$\Delta f(x)=$ $f(x+1)-f(x)$	$\Delta^2 f(x)=$ $\Delta f(x+1)-\Delta f(x)$
0	1	4	2
1	5	6	2
2	11	8	2
3	19	10	2
4	29	12	
5	41		

接下来只要反过来一步一步逆推，先逆推出差分值，然后再逆推出函数值。这样一来，只需要做简单的加减法，就可以得到函数值了。有兴趣的读者可以逆推一下这个过程。

差分的概念，实际上隐含了微分的思想。

编程的思想放光芒

但是，数学原理是一回事，真的要让机器完成这样复杂的任务又是另一回事。这里面的机关和齿轮的精密和复杂程度，是常人难以想象的。由于当时制造水平低，一般机械零件加工的精度很难满足要求，所以，第一台差分机从画图纸到打磨零件，都是巴贝奇亲自上阵。

　　巴贝奇花了整整 10 年时间，在书房和工房中忙碌，终于在 1822 年造出了第一台差分机。那一年，他 30 岁。

　　这台差分机可以处理 3 个不同的 5 位数，计算精度达到小数点后 6 位，并能计算好几种函数。这在当时引起了极大的轰动，因为有了它，就可以精确编制航海和天文方面的数学用表了。

　　巴贝奇看到前途一片光明。他要求政府资助，建造运算精度为 20 位数、6 阶差分的大型差分机。

　　英国政府大笔一挥，陆陆续续拨款 1.7 万英镑。巴贝奇自己家是开银行的，不差钱，也自掏腰包贴进去 1.3 万英镑的私房钱——总共 3 万英镑。3 万英镑在当时是什么概念呢？据说，1831 年制造一台蒸汽机车的费用不到 800 英镑。这些钱可造将近 40 个火车头了！

　　按照巴贝奇的设计，这台差分机大约有 2.5 万个零件，主要零件的误差不得超过千分之一英寸。这难度太高了，即使用现在的加工设备，要想造出这种高精度的机械也很有挑战性。他不停地改进设计图纸，和工人一起加工零件。

　　然而 10 年过去了，依然没有成功。

　　20 年过去了，仍然失败。

　　1842 年，失望的英国政府宣布停止对巴贝奇的一切资助，他只得把全部设计图纸和已完成的部分零件，送进伦敦皇家学院博物馆，供人观赏。

　　那一年，巴贝奇 50 岁。这位伟大的科学家前半生可谓无比辉

煌，但自从走上差分机之路后，他的人生便充满了挫折。

到了 20 世纪 90 年代，伦敦的科学博物馆根据巴贝奇的设计图纸，利用现代的精密加工技术，制造出了巴贝奇梦寐以求的差分机。如今有一台保存在伦敦科学博物馆。

这台靠一个人摇动把手进行复杂运算的机器，闪耀着熠熠的金光，它是机械计算机的巅峰之作。如果你有机会参观差分机，你一定会佩服巴贝奇的天才发明。

编程的思想放光芒

▲ 博物馆里按照巴贝奇的设计图纸制造的差分机

史上第一"程序媛"

在巴贝奇 20 年磨剑失败的时候，他遇到一位科学研究上的志同道合者。

这位高山流水的知音来历不凡，是一位伯爵夫人，又是英国著名诗人拜伦的独生女儿——艾达（1815—1852 年）。大家不要误会，她不是来和巴贝奇争论丁尼生的"每一刻都有一个人降临人间"的，而是因为小时候就参观过差分机，她十分崇拜巴贝奇，来拜望偶像来了。

艾达的加盟坚定了巴贝奇的信念。他在遭遇挫折之后，提出了一项更大胆的新设计：他要制造一台"万能的"的数学计算机。巴贝奇把这种新的设计叫作"分析机"。

在此之前，无论是契克卡德、帕斯卡设计的计算器，还是巴贝奇自己发明的差分机，都只能完成某一类特定的计算任务，就像头脑简单的人只能干一类事情。而分析机是多功能的，可以用来计算任意函数，只要你给它不同的指令就可以了。

这是人类历史上天才的设想——可编程的计算机。在分析机之前，那些机械都叫"计算器"（calculator），而分析机才是真正的"计算机"（computer）。

那么，怎么把人的想法

▲ 提花织布机和分析机中的穿孔卡片

告诉机器，让它做不同的运算呢？

巴贝奇从提花织布机上得到灵感：提花织布机把要纺织的图样对应到卡片上打孔，用来控制织布机。如果想让织针从某一个位置穿过去，就在卡片上打一个孔。如果不想让针通过，就不打孔。这样一来，原本由纺织工手工操作的繁杂任务，就可以完全交给机器自动完成，打孔的卡片就是给织布机发布程序命令的"令牌"。

巴贝奇创造性地将穿孔卡片引入了计算机领域，用于控制数据输入和计算。在机器运行时，卡片上有孔的地方和无孔的地方，会导致金属杆执行不同的操作，这样就实现了"可编程"。从那时起，到第一台电子计算机诞生期间，几乎所有的数字计算机都使用了打孔卡。

巴贝奇的创意让艾达赞不绝口。艾达几乎是那个时候唯一真正理解分析机的人，她看到了分析机的伟大意义。

艾达不仅编写了许多可以在分析机上运行的程序，甚至还看到了巴贝奇都没有看到的事情。她预言：分析机不光能用来计算，还能用来处理其他东西，如音乐。

这里面不仅有科学的远见，更有艺术的想象。要知道当时电磁波还没有被发现，人们还不知道声音可以被处理、传输和存储。艾达怎么会想到这个由齿轮构成的机器，可以处理音乐呢？

我们现在用手机聆听优美的音乐的时候，有没有想到过，

▲ 艾达和她的程序

编程的思想放光芒

这一场景在 150 多年前就被艾达预料到了?

计算机科学从巴贝奇和艾达那里开始,就分成了硬件和软件(程序)两个部分。巴贝奇给了计算机一个身体——硬件,而艾达则给了计算机一个可塑造的灵魂——软件。如果没有编程的思想,计算机充其量只是一台精巧的仪器。

20 世纪 70 年代,美国国防部花了数百亿美元和 10 年时间,研制出了一种功能强大的计算机语言,并成为一项标准。1981 年,这种语言被正式命名为 ADA(艾达)语言,因此使艾达的名字广为流传。人们公认她是世界上第一位女软件工程师(现在网络俗称"程序媛")。因为巴贝奇也编制了分析机的程序,所以,世界上第一位男软件工程师就是巴贝奇(现在网络俗称"程序猿")。

因为得不到任何外来资助,巴贝奇的分析机研制耗尽了他的全部财产。而艾达为了维持日常开销,不得不典当祖传的珍宝首饰。繁重的脑力编程,加上艰难的生活,使艾达的健康状况急剧恶化。1852 年,怀着对分析机成功的美好梦想,一代软件才女英年早逝,年仅 36 岁。

艾达去世后,巴贝奇又独自奋斗了近 20 年。1871 年,他满怀对分析机无限的惆怅离开了人世。从 20 岁到 79 岁,将近一个甲子,花费了所有家资,巴贝奇为计算机献出了一切。

巴贝奇和艾达为世界留下了一份极其珍贵的科学遗产:有 30 种不同设计方案,近 2000 张组装图和 5 万张零件图。他们在逆境中坚韧不拔的精神,更值得后来人敬仰。

他们是人类计算机史上最伟大的"失败的英雄"。

出师报捷百年后

大约在 1936 年，一位身高 2 米、气宇轩昂的中年人来到哈佛大学攻读物理学博士学位，他叫霍德华·艾肯（1900—1973 年）。

看到 36 岁来读博士的人，你是不是会猜测：这是一个有故事的人？是的，他因为家境困难，从 12 岁起就打零工贴补家用，有一段时间还辍学了。他的老师发现了他的聪明和数学才华，劝他回到学校。他晚上在电力公司做小工，白天上学。整个高中和大学时期，他都是这样坚持下来的。

艾肯的博士论文是研究空间电荷的传导，需要进行十分复杂的数学运算，人工计算非常烦琐，而且容易出错。艾肯很想发明一种机器来代替人工计算。

艾肯在图书馆里意外地发现了巴贝奇和艾达的论文，虽然上面布满灰尘，但他却看到了智慧的光芒。他想：巴贝奇因为所处时代的工艺和技术限制，没有造出分析机；但是，20 世纪的工艺加上电动机械，或许可以完成巴贝奇未竟的事业，造出通用计算机。为此，他写了一份名为《自动计算机的设想》的项目建议书，提出要用机电方式来构造新的分析机，而不是用齿轮等纯机械方法。

艾肯从 IBM 得到了 100 万美元的研究经费以及 IBM 研究人员的加盟。研制工厂就在哈佛物理楼后的一座红砖房，艾肯给它取名为"马克 1

◀ 艾肯

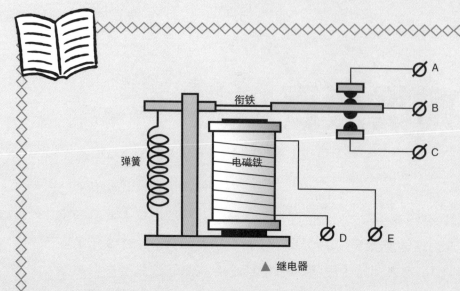

衔铁

弹簧

电磁铁

Ø A

Ø B

Ø C

Ø D Ø E

▲ 继电器

号"（Mark Ⅰ）。

马克1号

　　记得电影《钢铁侠》吗？钢铁侠的第一款铠甲也叫"马克1号"，那是电影里的钢铁侠在致敬艾肯。而电影里的钢铁侠在穿上机器铠甲之后，身材才和魁梧的大汉艾肯差不多——艾大哥不用化装和道具，就是钢铁侠的身高，自带背景音乐出场。

　　艾肯设计的"马克1号"是一种电动的机器，它借助电流进行驱动，其中最关键的部件用的是电磁继电器。

　　电磁继电器一般由铁芯、盘绕着铁芯的线圈、衔铁、触点簧片等组成。

　　电磁铁平时没有磁性，但是，当在线圈两端加上一定的电压时，线圈中就会流过一定的电流，产生电磁效应，电磁铁就有了磁性，可以把衔铁片吸引住，往下闭合电路。

　　在线圈断电后，电磁的吸力随之消失，衔铁就会因为弹簧的拉力，回到原来的位置，往上打开。

　　就这样，电路中的导通和切断，代替了传统机械计算器里齿轮的转动。

继电器的"开关"能在大约 1/100 秒的时间内接通或是断开,当然比巴贝奇的齿轮快得多。

▲ "马克 1 号",左边几百个旋钮用来设定参数,右边橱柜里的元件用来存放数据

1944 年 3 月,"马克 1 号"计算机在哈佛大学正式运行。这是人类研制的第一台真正可以运行的通用计算机。艾肯把荣耀归于巴贝奇,说如果巴贝奇能活到 20 世纪,就没他艾肯的事儿了。

"马克 1 号"的外壳用钢和玻璃制成,长约 16 米,高约 2.4 米,自重达到 4.3 吨,撑满了整个实验室的墙面,像一节火车车厢。

"马克 1 号"里面安装了大约 3500 个继电器,800 千米的电线,300 万个连接。

"马克 1 号"的程序是通过打孔纸带输入的,当几十条纸带垂挂下来,不知道的人可能还以为进入了生产挂面的作坊呢。

这台机器运算有多快?23 位数加 23 位数的加法,一次仅需要 0.3 秒钟,乘法需要 6 秒钟,除法需要 15.3 秒,而对数和三角函数运算则需要 1 分钟。这在今天看来是超级慢的,远远比不上当今任何有运算功能的电子设备。但是,这在当时已经是相当快的了。

"马克 1 号"不仅参与了研制原子弹的"曼哈顿计划"的运算,而且还制作了很多函数表供科学研究使用。

◀ 程序输入的打孔纸带

你从哪里来，我的虫子

在计算机程序编写的先驱中，活跃着许多女性的身影。为"马克 1 号"编制计算程序的就是一位女数学家，叫格雷斯·霍普（1906—1992 年）。

霍普从小就有强烈的好奇心，曾经因为要搞清楚钟表的结构，拆了家里的 7 只钟表。

她是耶鲁大学历史上第一位女数学博士。

这位声名远播的数学博士，1944 年加入了"马克 1 号"的研究工作，为"马克 1 号"编写程序。

bug

有一天，在调试程序时出现了故障，她拆开继电器后，发现有一只飞蛾被夹扁在里面，是虫子"卡"住了机器的运行。霍普诙谐地把程序故障称为"虫子"（bug）。你从哪里来，我的飞蛾？就像一个朋友飞进我的窗口。

▲ 霍普和程序员同事

debug

　　"虫子"这个称呼，后来成为计算机领域的行话。调试程序的工作，叫 debug（de- 这个前缀是"去掉"的意思）。霍普也因此被冠以"debug 之母"的称号。

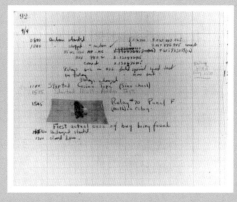

▲ 霍普抓到的计算机史上的第一个"虫子"

　　从此，人类程序员的奋斗史，就是一边无心孵化虫子，一边专心抓虫子的历史。

"霍普号"

　　后来，霍普领导了一个工作委员会，成功地研制出第一个商用编程语言 COBOL。1963 年，美国国家标准局将它制定成了标准。于是，COBOL 在很长的一段时间里是计算机界的通用语言。霍普博士也因此成为计算机语言领域的先驱人物。

　　1991 年，美国总统布什在白宫授予霍普"全美技术奖"，这是美国至今唯一获此殊荣的女性。除此之外，她还是美国第一个获得准将军衔的女性，美国海军还以她的名字命名了一艘战舰"霍普号"——够威风吧？

编程的思想放光芒

可编程的价值

让只能完成某一个特定运算的机器，变成通用的、可以按照人的指令运作的计算机，这是巴贝奇超越时代的伟大思想。虽然因为时代和技术的限制，巴贝奇没有实现他的想法，但是，他和艾达一起创立的通用计算机的设计方法，给后来人指明了方向。

因为可编程，我们可以让机器按照我们的想法运转，机器也就慢慢变得更有灵性。如今的计算机，已经可以比人类更精确地预测天气，更聪明地下围棋，更敏锐地从大量数据中发现蛛丝马迹。

艾达曾说过：时间会告诉你，我的头脑超凡永生。时间，不仅证明了她的不凡，证明了巴贝奇的不凡，也证明了艾肯和霍普的不凡。

三思小练习

1. 按照文中的过程，计算 $f(x)=5x+2$ 的一阶差分。

$\Delta f(1)=?$ ，$\Delta f(2)=?$ ，$\Delta f(3)=?$

2. 按照文中的过程，计算 $f(x)=2x^2+5x+2$ 的二阶差分。

$\Delta f(1)=?$ ，$\Delta f(2)=?$ ，$\Delta f(3)=?$

$\Delta^2 f(1)=?$ ，$\Delta^2 f(2)=?$ ，$\Delta^2 f(3)=?$

3. 按照文中的过程，计算 $f(x)=2x^3+2x^2+5x+2$ 的三阶差分。

$\Delta f(1)=?$ ，$\Delta f(2)=?$ ，$\Delta f(3)=?$

$\Delta^2 f(1)=?$ ，$\Delta^2 f(2)=?$ ，$\Delta^2 f(3)=?$

$\Delta^3 f(1)=?$ ，$\Delta^3 f(2)=?$ ，$\Delta^3 f(3)=?$

你有没有发现什么规律？这其中的规律就是微积分里导数的概念。

软件

把世界构建在齿轮之上，
步步精准。
譬如，早上8点的3号地铁，
中央公园的入口，
拿着卡布奇诺的你，
每一天如此守时。

但是，我需要用柔软，
来画出场景。
譬如，秋日的风吹动长发，
譬如，如水的音符滑过琴弦，
"不知从何时起，你随流星雨，
飘落到神秘园里。"

艾达，那个《春逝》的女儿，
在百年前就已经预见，
这样美妙的相遇。

注：《春逝》（*When we two parted*）是拜伦的名
诗，其中有句"如果我们再相逢，时隔经年，我将以
何贺你，以眼泪，以沉默"。拜伦的女儿，史上第一
位程序员艾达预言了计算机可以处理音乐。

第3讲

新"阿拉丁神灯"

——电子时代的传奇

新"阿拉丁神灯"——电子管

"只是因为在人群中多看了你一眼，再也没能忘掉你容颜。"

这一切开始于发明家爱迪生（1847—1931年）的一次偶然发现。

爱迪生发明灯泡的事，已经广为人知了。不过，他的这个发现知道的人却并不多。

爱迪生的灯泡

你如果去看灯泡，中间那段歪歪扭扭盘绕的是钨丝，它在通电时会发热发光。爱迪生有一次在灯泡里加上一个金属板，连上电池的正极，又把灯丝连上电池的负极。金属板和灯丝在灯泡里隔开了，照理这个电路是不可能通的。但是，奇迹发生了，他看到电路通了。

隔着真空的电路怎么可能连通呢？似乎是电从灯丝"凌空飞渡"，跳到了金属板上。这个现象叫"爱迪生效应"。对爱迪生来说，"只是因为在灯泡中多看了你一眼，再也没能忘掉你容颜"，那一年是1875年。

后来，物理学家汤姆逊发现了电子，并构建了原子模型，大家才慢慢

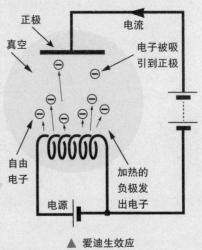

▲ 爱迪生效应

明白了"凌空飞渡"里面的奥秘：

灯丝上的电子经过加热后，会从灯丝上逃出来，散布在灯泡的真空里。

这个时候，如果外面有电场引导，这些从灯丝中游离出来的自由电子，就会在真空中汇成电流，飞到金属板上。

在这里，真空的条件很重要。如果不是真空，空气里的其他分子会阻挡住游离电子，电子就无法"飞渡"过去。

弗莱明的真空电子管

1904 年，没有忘掉爱迪生效应的英国物理学家弗莱明（1849—1945 年），根据这个原理发明了真空电子管。最早的试验样品是在电灯泡上焊接了一些元件做成的，很有"三足外星人"的即视感。

这个真空电子管叫作"二极管"，正方向可以通电流，反方向不通。为什么是这样的呢？因为只有在加热的灯丝那里，才有电子获得能量，挣脱灯丝，游离到真空中来。没有加热的金属板上，电

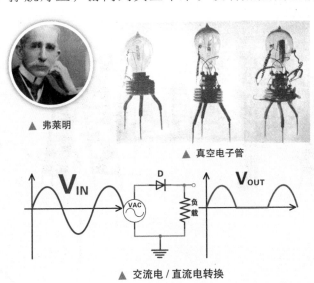

▲ 弗莱明　　　　　　　▲ 真空电子管

▲ 交流电 / 直流电转换

子不能获得能量，所以不能游离出来。

这个单向通行的二极管有什么用呢？它可以把交流电变成直流电。

德·福雷斯特的第三极

1907年，同样没有忘掉爱迪生效应的美国科学家德·福雷斯特（1873—1961年）对二极管进行了改良。他在真空的玻璃管内添加了一个金属栅，卡在灯丝和金属板之间，形成了电子管的第三个极。

他惊奇地发现，这个栅极让电子管有了更强大的功能。

从灯丝（负极）上逃出来的电子，在电场的引导下，本来是飞向金属板（正极）的，但是，栅极挡在了中间。当栅极接到负电位时，电子飞不过去；当栅极接到正电位时，电子可以飞过去。就像一群猴子站在负极向着金属板扔石头，这个栅极像百叶窗一样拦在

▲ 真空电子三极管开关原理

猴子和金属板中间，百叶窗关闭，石头被挡住；百叶窗打开，石头可以穿过。

这样一来，我们可以通过改变栅极上的电位，来控制另外两个极之间的电流是通还是不通。因此，真空三极管可以充当开关器件，速度要比继电器快成千上万倍。

德·福雷斯特还发现，这个栅极有微弱电流通过时，就可在金属板上获得较大的电流，而且波形与栅极上的电流一模一样。微弱电流很小的变化，会对另外的电流产生很大的影响，这就是"放大"作用——四两拨千斤。这个放大作用，是科学家一直梦寐以求的。有了放大作用，电话、电报可以越洋了，喇叭音响可以震耳了，空气中的电磁波信号可以被捕捉了。

从此，开关功能加上放大功能，真空电子管犹如一盏新的"阿拉丁神灯"，照亮了人类的电子时代，在电视机、电话、收音机、计算机上大发神威。

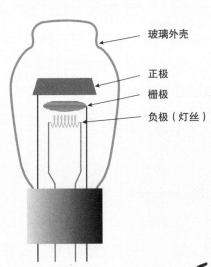

玻璃外壳

正极

栅极

负极（灯丝）

▲ 德·福雷斯特和真空电子管

大家来唱"ABC"

20世纪30年代，爱荷华州立大学物理系的教授阿塔纳索夫（1903—1995年），在为学生讲授如何求解线性方程组时，不得不面对繁杂的计算，那是要耗费大量时间的枯燥工作。

29元方程组值多少钱？

"鸡兔同笼"的问题是一个二元一次方程组。吹哨子让鸡兔抬腿，实际上是消除一个未知数，通过"对消"来求解。

阿塔纳索夫想求解更复杂的问题：29元方程组里面有29个未知数。这已经不是"鸡兔同笼"了，而是"鸡、兔、牛、羊、猪、狗、猫、黄鼠狼等"29种动物同笼。这同样可以用"对消"的方法，先去掉一个未知数，各个击破。但是，手工计算非常花时间，劳心伤神，损失的脑细胞，连吃几个卤兔头都补不回来。

▲ 阿塔纳索夫

于是，阿塔纳索夫寻找新的思路，他从1935年开始思考用电子技术来设计计算机。

他首先想到了真空电子管，因为电子管有开关功能，一开一关，就是一种状态的变化，就好比古人拨动算盘珠，帕斯卡转动旋钮，可以用来实现运算的最基本动作。

那么，运算过程中的数值怎么存放呢？用一种叫电容的电子元件。它是两块金属板，中间夹着电介质，可以把电荷存储起来。当电容里储存有电荷时，就表示"1"；当电荷被释放之后，就表示"0"。

由此，他又想到了用二进制。电容的"有电"和"无电"，电子管的"开"和"关"，这种"二元"的表示方法，在电子元件上很容易实现。莱布尼茨发明的二进制和电子设备真是天作之合。我们人类习惯了用十进制，而电子计算机用二进制更方便，只要我们解决十进制和二进制之间的转换就可以了。

经过两年反复研究试验，阿塔纳索夫思路越来越清晰了。但是，他还需要一位聪明并且懂机械、动手能力强的助手来共同完成这项工作。于是，他找到当时正在物理系读硕士研究生的贝瑞（1918—1963 年）。

贝瑞从小就被同学称为"天才"，以各科全优的成绩从高中毕业。他爱好无线电，是当地小有名气的业余发报员。他最大的特点是动手能力非常强，手工细致而精巧。当阿塔纳索夫找贝瑞当研究助手时，贝瑞很高兴地同意了。

ABC

师生二人，一个理论想象，一个动手制作，配合无间，终于在 1939 年造出了一台完整的样机，并给这台样机取名"ABC"。A、B 分别取自两个人姓氏的第一个字母，C 即"计算机"的开头字母。

ABC中的新概念

虽然"ABC"不能编程,只能用来求解"鸡兔同笼"这样的线性方程组,但是,"ABC"的设计中已经包含了现代计算机中几个最重要的基本概念:

第一,采用电子元件和电子管,电路系统中装有 300 个电子管,用来执行运算。

第二,采用二进制,而不是通常的十进制。

第三,采用电容器作为存储器。

从这个角度来说,它是一台真正现代意义上的电子计算机。在此之前,甚至是同时期的计算机,要么是齿轮"嘎吱嘎吱"响的机械,要么是继电器"啪啪"响的电动机械,**"ABC"是世界上第一台电子计算机。**

▲ 1997 年爱荷华州立大学花费了 35 万美元建造的"ABC"计算机复制品以及加减法模块

弹道专家"埃尼阿克"群英谱

弹道和计算

1941 年，一位叫莫克利（1907—1980 年）的年轻物理学家来访问阿塔纳索夫，看他演示"ABC"计算机并讲解其中的原理。电子计算机思想的种子就这样埋在了莫克利的心中。这或许只是一件小事，谁也没有预料到它会影响未来科技和历史的进程。

1942 年，"二战"正在白热化阶段，盟军进攻北非时遇到了一个很棘手的军事科学难题——火炮射击需要根据敌方目标的距离和火炮后坐力来计算发射的角度。炮兵的老规矩是：军方和科学家事先计算好一个射击表，到时候炮兵只要查表，就可以找到最佳角度。

但是，问题来了，原先的火炮射击表都是以马里兰州的情况设计的，而北非的地面比马里兰州的地面软，按表打炮，炮打歪了。这些射击表都不能用了，必须重新计算和编制射击表。这不是一件容易的事，每张射击表都要计算几百甚至上千条弹道，每条弹道的数学模型都是一组非常复杂的非线性方程。凭借当时的计算工具，几百名计算员用几个月的时间才能计算完一张射击表。

当时在宾夕法尼亚大学工作的莫克利想起了他看到过的"ABC"计算机，立即向军方建议试制电子计算机，用电子管代替继电器，来提高机器的计算速度。

　　美国军方得知这一设想，马上拨款 15 万美元大力支持。任命

莫克利为顾问，埃克特（1919—1995 年）为总工程师。当时，埃克特只有 24 岁，还是一个没有毕业的硕士研究生。

　　埃克特从小动手能力就非常强，12 岁时曾制作了一艘模型船，在船底下安装一块磁铁，利用磁力驱动使船在水中运动。中学毕业前，他还为当地公墓设计了一个很实用的消声装置，能把附近的噪声吸收掉，使得公墓的黎明静悄悄。

　　莫克利和埃克特两人互补短长，配合无间。

用电大户

　　经过近 3 年的艰苦努力，花费 48 万多美元，这台名为"埃尼阿克"（ENIAC）的计算机，在 1946 年 2 月终于研制成功，虽然这

◀ 莫克利和埃克特

时战争已经结束。

"埃尼阿克"占地面积约 170 平方米，总重量 30 吨，使用了 17468 个真空电子管，7 万个电阻，1 万支电容，500 万个焊接点，耗电量 150 千瓦。据说，当它启动的时候，它所处的城市——费城的灯光会忽然暗淡。

"埃尼阿克"制成以后，曾用于数学、力学和核爆炸计算，显示了强大的计算能力。它每秒能进行 5000 次加法运算，400 次乘法运算。它还能进行平方和立方运算，计算三角函数的值及其他一些更复杂的运算。

1947 年 8 月，"埃尼阿克"被运到军事试验基地运行，完成了许多弹道和原子弹的计算问题，它也曾用于天气预报、宇宙射线研究和风洞设计。

"埃尼阿克"可以按照事先编好的程序，自动执行算术运算、逻辑运算和存储数据。它集合了"马克 1 号"可编程的优点和"ABC"的电子技术，是第一台可编程的电子计算机，宣告了一个新时代的开始。

女子编程天团

　　在这台电脑的背后有 6 位并不为人所熟知的英雄，她们是詹宁斯、威斯科夫、利特曼、施奈德、比拉斯和麦克纳尔蒂，她们被人们誉为"埃尼阿克玫瑰团"。

　　她们负责配置和连接机器，以执行特定的计算；处理穿孔卡设备；调试机器的运行；有时还要爬进机器内部，更换有故障的真空管或电线。

　　她们所做的编程工作艰巨而具有开创性，值得我们敬佩和追念。

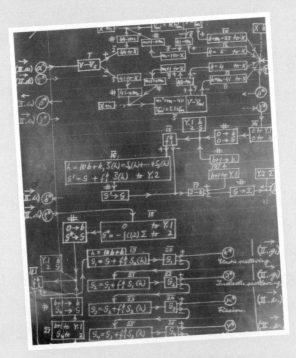

▲ 一个运算任务的连线案例局部

第一代的名分

在很长的一段时间内，"埃尼阿克"被认为是世界上第一台电子计算机。而为此正本清源的，是一起专利案件。

莫克利和埃克特在"埃尼阿克"成功之后，申请了专利，并创办了公司，研制第一台商用电子计算机"尤尼瓦克"。后来公司辗转被 Sperry Rand 公司收购，Sperry Rand 公司成了专利的拥有者。在 20 世纪 70 年代，这家公司告另一家计算机公司 Honeywell 侵权。

法院经过大量调查，才发现阿塔纳索夫在此前已经发明了"ABC"计算机，只是没有申请专利。法院因此宣判：莫克利和埃克特没有发明第一台电子计算机，只是利用了阿塔纳索夫发明中的构思，莫克利和埃克特的专利无效。

"ABC"被认定为世界上第一台电子计算机。

"埃尼阿克"是世界上第一台"可编程"的电子计算机。

它们都属于以电子管为核心的第一代电子计算机。

贝瑞和埃克特在读研究生期间，就勇于挑重担。这让我们看到了科技这一行青睐年轻人的闯劲。

当爱迪生开启电灯照明时代的时候，他没有预料到他无意间在灯泡里安放的一块金属片，会让后来的人发明真空电子管，更不会想到这个真空电子管，可以代替笨重而缓慢的齿轮和继电器，来构造快速运算的计算机的关键部件。从爱迪生效应到真空管，到"埃尼阿克"，中间跨越了 70 多年，而电子计算机的时代才刚刚开始，无数的精彩在等待展示。

程序媛传奇

　　从计算机诞生到 20 世纪中期，编程一直被认为是一份更适合女性从事的工作，因为女性更具备认真、细致、执着和坚忍的品质。历史上第一批"埃尼阿克"的程序员，全都是女性。她们中的詹宁斯去世前说了一句话："尽管我们的一生处于一个女性职业机会有限的年代，但是，我们帮助人类开启了计算机的时代。"

　　到了 20 世纪后期，男性程序员开始占据主导，以至于如今的大多数人一想到编程，都会联想到男性程序员，而非女性。

　　读到这本书的你，如果被那些先驱者的魅力吸引，想学编程，却因为是女生而犹豫不决，我想说，最早的程序员艾达、抓住第一个 bug 的霍普还有"埃尼阿克玫瑰团"，优秀的女程序员，她们在历史上曾经展现出绝代的风华，是计算机史上的传奇。

　　所以，你行的！加油！

　　"只是因为在屏幕上多看了你一眼，再也没能忘掉你容颜。"愿你能唱响未来计算机的"传奇"。

三思小练习

1. 电子二极管有什么用？
2. 电子三极管有什么用？
3. 研制"埃尼阿克"的主要目的是什么？

传奇

在没有月色的夜里，
渴望一盏灯。
掌中有火柴，两袖有风，
点亮或是吹灭，
于你，是一时闪念，
于灯，是一场宿命。

迤逦而来的一曲传奇，
在人群中轻声歌吟。
我好想看清，
那个在星空下恬静的身影。

仍有人仰望星空

——两大天才：图灵和冯·诺伊曼

从《模仿游戏》说起

2014 年，一部叫作《模仿游戏》的电影上映了，讲述的是艾伦·图灵（1912—1954 年）的传奇人生。电影主要讲述图灵协助盟军破译德国密码系统"英格玛"，从而扭转"二战"战局的故事。该片获得第 87 届奥斯卡金像奖最佳改编剧本奖，以及包括最佳影片、最佳导演、最佳男主角、最佳女配角等在内的 7 项提名。

▲ 图灵

作为文艺作品，自然关注和突出戏剧性。但是，图灵对于世界的贡献，远远不止破译德国密码系统"英格玛"。

图灵在战前就发明的"图灵机"，使他拥有了"现代计算机之父"的名头；而他在战后提出"图灵测试"，又被公认为人工智能的先驱。他和另一位天才冯·诺伊曼一起为现代计算机的研究奠定了数学和理论的基础。我们今天的计算机，仍然没有超越他俩在那时候画的一个圈子。

图灵和"图灵机"

艾伦·图灵，1912 年 6 月 23 日出生于英国伦敦的一个书香门第，家族成员里有三位当选过英国皇家学会会员。

喜欢科普的小图灵

图灵在很小的时候就表现出与众不同的天分。他三四岁时就学会了阅读，读的第一本书是一本少儿科普——《每个儿童都该知道的自然奇观》。

6 岁正式上学后，图灵越发显得智力超群。8 岁时，他写了他的第一篇科普短文——《说说显微镜》。

在他 15 岁时，祖父送给他一本相对论的书，他竟然完全读懂了，并且能运用深奥的理论独立推导力学定律。

1931 年，图灵考进了剑桥大学国王学院专攻数学。剑桥是他一生学术生涯的起点，那里有自由的学术环境。他如饥似渴地阅读一切感兴趣的书籍，包括刚刚出版上市的天才大数学家冯·诺伊曼的新作《量子力学的数学基础》——这是两位天才的第一次"神交"。

先知先觉的图灵

图灵先知先觉，是走在时代前面的天才。在电子计算机远未问世之前，他就去解决"可计算性"的问题。什么是"可计算性"问题呢？听起来很玄，很高冷：对于数学问题，能否通过简单的机械计算判定数学命题是对是错？

是不是只要给数学家足够长的时间，他就能够通过"有限次"的简单而机械的演算步骤得到最终答案呢？

这是大数学家希尔伯特提出的一个问题。

1936 年，还在读硕士研究生的 24 岁的图灵，在英国权威的数学杂志上发表了一篇划时代的重要论文，以人们想不到的方式回答了这个既是数学又是哲学的艰深问题。这是本书里第三位还是研究生时，就在计算机方面取得杰出成就的人。前两位是发明"ABC"的贝瑞和发明"埃尼阿克"的埃克特。

"图灵机"

图灵在文章里构造出一台完全属于想象的"计算机"，数学家们把它称为"图灵机"。

"图灵机"想象使用一条无限长的纸带子，带子上划分成许多格子。格子里可以划一条线代表"1"，也可以是空白，代表"0"。

机器的功能是：

1. 从带子上读出信息；

2. 修改带子上的信息，或者不修改；

3. 根据状态和预设的指令，决定往前或者往后走一位。

利用这样一个看似很简单的思想实验，图灵从理论上证明了：这个机器可以模拟人类所能进行的任何计算过程！是的，任何，所有，全部，一切。正所谓，你有数学问题，我有"图灵机"！

这里面有几个关键要素：有输入，有程序指令，有机器记录的内部状态，最后再有输出。

"图灵机"是一个虚拟的"计算机"，考虑的重点是逻辑结构，而不考虑硬件具体怎么实现。

图灵还进一步设计出"万能图灵机"的模型来模拟任何一台解决某个特定数学问题的"图灵机"。他甚至还想到，在带子上存储数据和程序。这个"万能图灵机"实际上就是现代通用计算机最原始的模型。

图灵的文章从理论上证明了制造出通用计算机的可能性。几年之后的 1939 年，美国的阿塔纳索夫研究制造了世界上的第一台电子计算机"ABC"。其中采用了二进制，电路的开与合分别代表数字 0 与 1，运用电子管和电路执行逻辑运算等。又过了几年，"埃尼阿克"通用可编程的计算机研制成功。图灵的思想，超越了同时代的科学家。

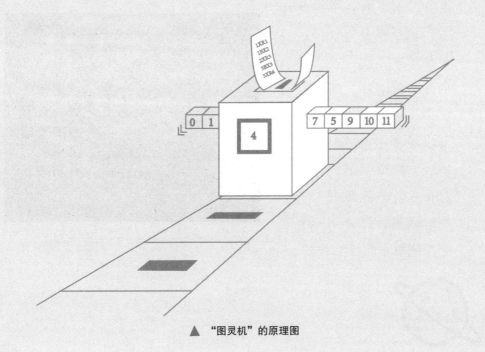

▲ "图灵机"的原理图

与诺伊曼的交流

1936年，图灵来到美国的普林斯顿大学攻读数学博士学位，他的研究涉及逻辑学、代数和数论等领域，成绩卓著。

冯·诺伊曼当时正在普林斯顿大学的研究院担任数学教授。他看过图灵的论文后，对图灵极为赞赏。他们在那几年有过很多学术交流和思想碰撞。冯·诺伊曼是少数几个能够理解图灵的天才和伟大思想的人。

第二次世界大战爆发后，英国在1939年对德宣战，图灵随即应征入伍，正式到政府编码与密码学院，也就是英国的战时情报中心服役。

在那里，他负责设计了电子计算机"Bombe"。当时要破译"英格玛"，如果一个一个尝试下来，有多少种不同的可能？159"百万百万百万"，159后面18个零！而且每天都要重新设置。

当时很多人都认为无法破译。但是图灵设计的计算机非常了不起，在大大缩小搜索范围后，不仅破解了"英格玛"，而且每天可以破译多达3000条密码。英国情报部门曾拥有200多台这种像书架一样的解码机，使英国军方提前知晓德军的行动计划。

▲ 破解"英格玛"的电子计算机"Bombe"

人工智能的先驱

战争结束之后，当同时代的科学家在用计算机进行数学运算的时候，图灵再次超越了他们。他开始考虑更深层的问题：计算机会不会有智能？1950年，图灵发表了一篇论文，预测人类创造出"人工智能"的可能性。

什么是"人工智能"？

图灵提出了判断标准。简单来讲，就是向机器提问题，机器回答之后，如果30%以上的情况下我们误判对方是人而不是机器，那么这台机器就具备人工智能。这样的一个测试，被称为"图灵测试"。

▲ "图灵奖"的奖杯
（图片来源：heidelberg-laureate-forum）

由于图灵在人工智能上的研究和贡献，他被尊称为"人工智能之父"。

从1966年开始，计算机界设立了一年一度的"图灵奖"，该奖项颁发给世界上最优秀的计算机科学家。这是计算机科学界的"诺贝尔奖"。

两大天才：图灵和冯·诺伊曼

冯·诺伊曼和他的计算机结构

约翰·冯·诺伊曼（1903—1957 年），1903 年 12 月 28 日出生于匈牙利布达佩斯。

天才诺伊曼

诺伊曼在很小的时候就展现出了数学和记忆方面的天才。据说，他 6 岁的时候就已经掌握了希腊语，并且能够做 8 位数除法的心算，8 岁的时候就已经掌握了微积分。

诺伊曼 10 岁那年，做银行家的父亲因为担任政府经济顾问有功，被授予贵族头衔。从此，家族姓氏前面多了一个 von，变成了冯·诺伊曼。所以，他既不姓冯，也不姓诺伊曼，而是姓"冯·诺伊曼"。

大学时，他去柏林大学和苏黎世联邦理工学院（ETH）学习化学工程，但他真正感兴趣的却是数学，所以，他又在布达佩斯大学注册为数学方面的学生，不听课，只参加考试。也就是说，这位不满 18 岁的年轻人，要在相距遥远的三座城市跨专业读双学科。想象一下，你同时在北京、上海、成都的三所大学读两个学位，能做到吗？

最后，冯·诺伊曼以全 A 的成绩获得了数学博士学位和化学工程本科学位。完成学业之后，1926 年，冯·诺伊曼到哥廷根大学担任希尔伯特的助手——就是发表 23 个世纪数学问题的希尔伯特。

1933 年，冯·诺伊曼被聘为普林斯顿大学高级研究院的教授，研究院当时有 5 名教授，其中包括爱因斯坦。冯·诺伊曼当时年仅30 岁，是最年轻的一位。

冯·诺伊曼曾参与"曼哈顿计划"，赢得了"万事难算去找诺伊曼"的赫赫声名，为第一颗原子弹的研制做出了杰出的贡献。另外，他还开创了冯·诺伊曼代数和博弈论学科。

冯·诺伊曼聪颖过人，能抓住别人原创的思想火花或概念，迅速进行深入细致的拓展，使其更为丰满，而且切实可行。

诺伊曼的改进

1945 年，冯·诺伊曼参与了"埃尼阿克"的研制。他发现"埃尼阿克"的两个缺点，并提出了今后的改进方案：

"埃尼阿克"虽然是通用的计算机，但是，它能通用是依赖 6 位美丽的程序员：每一次接受不同的计算任务，需要 6 位女程序员插拔插座和接线，改变连接结构和配置。这种准备工作往往要花几小时甚至几天时间，而计算本身只需几分钟。他提出把程序和数据一起存储在计算机内，让计算机自己完成全部运算，不需要人干预。

"埃尼阿克"采用的是十进制，如果把十进制改成二进制，就可以充分发挥电子元件高速运算的优越性。

诺伊曼结构的五大部分

诺伊曼从图灵的理论研究中得到启发，把"图灵机"具体到电子计算机中，提出了计算机的框架结构，并向美国军方建议，研制

一种新的、通用的电子计算机"艾迪瓦克"（EDVAC）。这个框架由五大部分组成：

一是"控"：要有控制单元，根据需要控制程序走向，并能根据指令控制机器的各部件协调操作。

二是"算"：要有算术逻辑单元，完成各种算术、逻辑运算。

三是"存"：要有存储器来记忆程序、数据、中间结果和最终运算结果。

四是"入"：要有输入设备，把需要的程序和数据送到计算机中。

五是"出"：要有输出设备，将处理结果输出给用户。

加起来就是"出入算存控"，这种框架结构仍然被当今的计算机采用。从冯·诺伊曼的框架，我们可以看到"图灵机"的灵感闪现。两者之间的关系是——"图灵机"是一种概念，冯·诺伊曼框架是一种具体的实现。

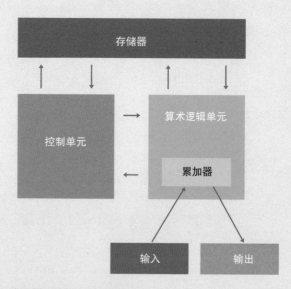

存储器

控制单元 → 算术逻辑单元

累加器

输入 输出

▲ 冯·诺伊曼和他的计算机框架结构

先后之辩

重大的科学发明，是理论研究开路在先，工程技术实现在后；还是经验实践在前，理论提炼总结在后？

这不能一概而论。

高斯发明虚数理论在前，虚数的工程应用在后；非欧几何的理论在前，爱因斯坦的时空理论在后。这是理论先于实践。

法拉第实验在前，麦克斯韦方程总结在后；电子的发现在前，解释的理论在后。这是实践先于理论。

图灵当年那篇划时代的抽象数学论文，原本只是为了解决数学上的一个基础性理论问题，而不是要研制一台具体的计算机。但是，他的研究像一座灯塔，对计算机科学发展起了理论引航的作用。

谦虚的"助产士"

冯·诺伊曼根据图灵的研究，确定了现代存储式电子数字计算机的基本结构和工作原理，给出了由控制器、运算器、存储器、输入和输出设备五大部件组成的冯·诺伊曼计算机。所以，冯·诺伊曼也被尊称为"现代计算机之父"。不过，他很谦虚地称自己只是电子计算机的"助产士"，电子计算机的真正理论基础来自图灵。

图灵在普林斯顿博士毕业的时候，冯·诺伊曼极力邀请图灵留下来做他的研究助手。可是，图灵心系剑桥，执意要回到母校任教，令冯·诺伊曼惋惜不已。

对此扼腕叹息的，远不止冯·诺伊曼没能和图灵合作，那一个被咬掉一口的毒苹果，让一位天才早逝。在美国当时开放的环境中，图灵或许能避免他的悲惨命运，活得更长，这样两大世纪天才的合作，或许会让数学、计算机科学获得更大的发展。我们只能在遗憾中想象，两颗巨星交汇发光，会把科学的天空照耀得何等绚烂！

仍有人仰望星空

图灵与冯·诺伊曼，一个腼腆、内向，一个幽默、外向。但是，他们都具有超越时代的敏锐和智慧，都拥有卓越的前瞻眼光。他们当时的研究，在同时代的很多人看来，就是"屠龙之术"——极为高明的本领，但在现实中无用武之地。

冯·诺伊曼后来继续研究计算机，写了《计算机和人脑》和《自我繁衍的自动机理论》，设想出机器可以在某一天自动维修部件、自我繁殖下一代机器，到那时，人类只要向太空派出机器，它们就能在浩瀚的宇宙和无尽的时间里自我繁殖，完成寻找外星生命的使命——这种想法，即使是在半个世纪后的今天，仍然是大胆的幻想。

英国著名作家王尔德说过：我们都生活在阴沟里，但仍有人仰望星空。

从伽利略、开普勒，到爱因斯坦；从阿基米德、欧几里得，到欧拉和高斯；从巴贝奇、艾达到图灵和冯·诺伊曼，他们，都是仰望星空的人。他们，超越了所处的时代，是引领人类智慧的灯塔。

少年时的你，不论生活在哪里，都要记得仰望星空！

三思小练习

1. 什么是"图灵机"？
2. 什么是"图灵测试"？
3. 冯·诺伊曼框架结构是什么？

图灵

六月的飞雪覆盖了威尔姆斯洛，
那个在岸边追风的身影已经不在了。

一个苹果，
一小半打通了死亡之门，
剩下的一半，
嵌着人世的耻辱，齿痕犹存。
你的人生，
半卷隐入迷雾，半卷留在红尘。

而你在等，
试炼中终于醒来的精灵，
于风笛声里，长歌对吟。

注：图灵是位奥运会级别的长跑健将。因受不公正对待而吃了毒苹果自杀，时值夏天。

"三驾马车"的爱恨情仇

——小小晶体管里面的小小恩怨

从 "表哥" 想象 "表弟"

人类发明电子管之后，把它用到了电话、计算机、雷达等电子设备中，显示了极大的威力。有人赞美这是一出 "电子的芭蕾剧"：电子在真空中，在玻璃罩中，在负极、正极和栅极之间悠然起舞，演绎出电子世界的精彩美妙和 "悲欢离合"。

我们现在不太容易看得到电子管了。它长什么样？有啥缺点？好在我们还能看得到它的 "表哥" ——普通电灯泡。天下的普通灯泡都是一样的：个大、耗电、发热。

一台电子管收音机，假设要使用五六个电子管，虽然输出功率只有 1 瓦左右，耗电却要四五十瓦，到了冬天倒是可以取暖。接通电源，要等 1 分多钟才会慢慢地有声音出来。

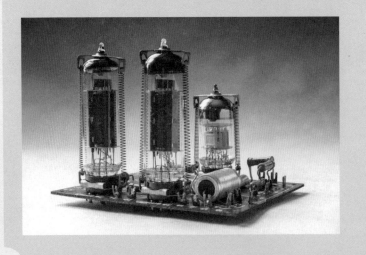

◀ 电子管收音机——
"暖手的灯"

最要命的是，电子管像电灯泡一样，很容易烧坏。"埃尼阿克"有 17468 个电子管，每天要烧坏好几个，"埃尼阿克玫瑰团"每天重要的工作就是查看哪一个电子管坏了，然后爬进机器去换掉。而长途电话公司的电线工，每天要到野外爬电线杆换掉烧坏的电子管——这哪里有芭蕾舞那么优雅浪漫？明明是爬树钻洞嘛。

那么，有没有一种器件，更小巧、更可靠、性能更好呢？计算机史上的"三驾马车"出现了，他们带来了人类历史上最伟大的发明之一——晶体管。

▲ "埃尼阿克"的电子管

"三驾马车"

我们看到的这张照片，是三位科学家功成名就之后的合影。从三人的姿态和细节，我们可以看出很多故事。

坐在"C 位"的肖克莱（1910—1989 年）是"三驾马车"里最年轻的一位，却是领头羊的角色。他对物理有非常敏锐的直觉，觉得半导体的玄妙特性可以用来设计出代替电子管的新器件。

▲ 巴丁、肖克莱、布拉顿的合影，"C 位"是肖克莱

奇特的半导体

什么是半导体呢？

我们知道金属可以导电，是导体；塑料、木板不能导电，是绝缘体。还有一种物质，平时不导电，在某些特定条件下会导电。比

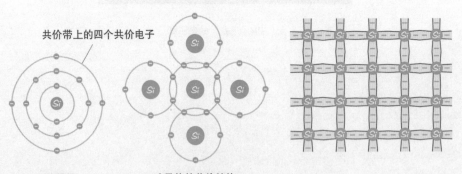

共价带上的四个共价电子

硅原子　　　　硅晶体的共价结构

如，沙子的主要成分是二氧化硅，而硅这种元素，在原子的最外层有 4 个电子，好像一个人的四肢。

根据原子物理的理论，硅原子的最外层电子为 8 个时，电子是稳定的。

怎样才能达到稳定状态呢？可以"共享电子"：伸出手，一手一个，拉住上面两个硅原子的脚；再伸出脚，让下面两个硅原子的手抓住。这样一来，每一个硅原子都和四周的 4 个硅原子手脚相连，有 8 个共享电子，形成了稳定的晶体结构。

掺杂

硅晶体是不导电的，绝缘的。

但是，如果在硅晶体中掺杂一些其他的原子，如磷，此时晶体结构里会多出游离的自由电子，从而导电，并呈现负电特性，这叫"N 型半导体"（N 是 negative，负的意思）。

如果在硅晶体里掺入硼原子，晶体结构里会缺少电子，科学家把这种现象想象成"空穴"，此时也能导电，并呈现正电特性，这叫"P 型半导体"（P 是 positive，正的意思）。

肖克莱提出开展半导体基础研究的建议，1945 年下半年，贝尔电话实验室成立一个研究小组，以肖克莱为组长。

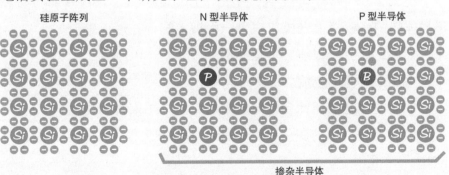

▲ 半导体晶体结构和掺杂后的导电性

最初的三人组

和肖克莱对视的那位，叫布拉顿（1902—1987年），出生于中国厦门市，他的父亲当时在中国教书。布拉顿的动手能力非常强，只要其他人能想到的科学实验，他都能动手做出来。

戴眼镜深情望向布拉顿的那位，叫巴丁（1908—1991年）。巴丁有着杰出的理论水平，他渊博的学识和固体物理学专长，恰好弥补了肖克莱和布拉顿知识结构的不足。

这样三个人优势互补，一个直觉好、一个理论强、一个手工精。

他们的组长肖克莱，最初在小组合作上有很大贡献，到底是指明方向的人嘛。但是，他的兴趣很快消失了，几个月后就不太积极了。

实验室成了巴丁和布拉顿的主场。他们尝试了不同的材料，又是把材料泡水里，又是用电风扇吹干，失败了无数次。

率先的二人组

终于，在1947年12月，圣诞节前的某一天，巴丁和布拉顿在半导体锗的底板接上电极，在另一面插上细针并通上电流。

然后，让另一根细针尽量靠近它。

再通上微弱的电流。

他们发现这根细针会使得原来的电流产生很大的变化。

微弱电流很小的变化会对另外的电流产生很大的影响，这就是"放大"作用。

那么，怎么让两根金属丝的接触点尽可能地靠近呢？比如小于 0.1 毫米。

布拉顿巧妙的设计是给一个三角形的绝缘玻璃片裹上一层金箔，再用刮胡刀刀片在尖顶的金箔上割出一条缝，就形成了两个靠得很近的接触点，相距只有 0.05 毫米，头发丝那么细。

世界上最早的实用半导体器件终于问世了——"点接触型晶体管"。在首次试验时，它就能把音频信号放大 100 倍。

在为这种器件命名时，布拉顿想到了它的电阻变换特性：它是靠一种从"低输入电阻"到"高输出电阻"的转移电流来工作的，就取名 trans-resister（转换电阻），后来缩写为 transistor，中文译名是晶体管，因为它的主要材料是半导体晶体。

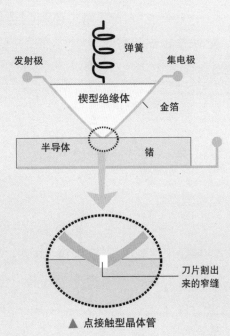

▲ 点接触型晶体管

直追的第三人

对于晶体管的发明，人人都欢欣鼓舞。却有一人高兴不起来，那就是肖克莱。因为作为一组之长，他并没有在关键时刻身先士卒，里面没有他的份儿。出场不自带背景音乐，怎么行？怎么办？

他打算趁这个成果还没有公布之前，独自研究出更先进的晶体管。苦思了几个月，连圣诞和新年都没放假，他终于设计出了一种更好的晶体管——"结型晶体管"，可靠性比"点接触型晶体管"好很多。所以，不管其他人怎么评说肖克莱，他的技术水平还是相当牛的。

后来，为了确保自己的地位，他每次都是突出自己，淡化处理巴丁和布拉顿的贡献。这也导致了一个现象，只要提起晶体管，人们第一时间想起的是会动嘴的肖克莱，而不是会动脑的巴丁或者会动手的布拉顿。肖克莱还利用自己的行政权，不让巴丁和布拉顿再参与晶体管的后续发展工作。

诺贝尔奖摆拍照

布拉顿和巴丁在之后的岁月里，再也没有从事过晶体管方面的研究工作。

直到 1956 年，因发明晶体管同时荣获诺贝尔物理学奖的三位，一起摆拍了这张其乐融融却暗藏玄机的照片。

我们或许可以为他们设计一下心里的话呢。

肖克莱：你看，这第一脚开球是我，最后攻进漂亮一球的也是我。

布拉顿：你的球都把我们带偏了一年多啊，最后还是我和巴丁盘带到禁区攻进的球。

巴丁：老布，别理他，看我再进一球。

我们讲这段历史，你可能会说，科学界也不是一片净土啊。是的，科学界是社会的一个缩影，依然会有各色人等。

冯·诺伊曼就说过："如果人们不相信数学是简单的，那仅仅是因为他们没有意识到生活是多么复杂。"——真是精辟啊！

晶体管原理

晶体管的原理讲解起来比较复杂，特别是"三驾马车"发明的"点接触型晶体管"和"结型晶体管"。我们选取如今应用更为广泛的"场效应晶体管"来解释晶体管工作的原理。

效应管全靠效应

如果你去过现场音乐会和歌友会，一定会对"现场"和"效应"这两个词有切身体会。

这就是场效应管原理的形象化类比和描述。场效应管的控制栅极就是那个闪亮的歌星，半导体的衬底就是现场，游离的电子就是我们可爱的观众。

当栅极加上电压，这个电场会对半导体衬底产生场效应，让里面的电子往栅极靠近，形成一个通道，从而在另外两个极（源极 S 和漏极 D）之间形成电流。好比歌星一上场，整个气氛高涨，"粉

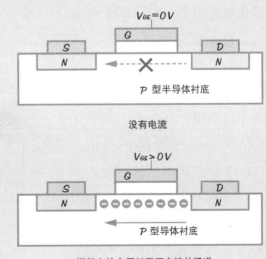

$V_{GS}=0V$

没有电流

$V_{GS}>0V$

栅极上的电压打开了电流的通道

▲ 场效应晶体管原理

小小晶体管里面的小小恩怨

丝"们都要往前挤。

他如果说"我们一起来唱好不好",现场的互动会进入高潮。

"我想要怒放的生命",即使是歌手唱得很轻,听众也会大喊大唱。这就是晶体管的放大效应。

等到歌星下台,观众情绪慢慢平息下来。这就是晶体管的开关功能,场效应和通道消失,电流中断。

晶体管的革命

晶体管制好之后,外面包上外壳(封装),接上连线(引脚),最后比小指的指甲盖还小。

因为晶体管的优越性能,体积小,重量轻,寿命长,效率高,发热少,功耗低,用它来代替体积大、功率消耗大的电子管,成了 20 世纪 60 年代之后的一次技术革命。

收音机可以做成香烟盒大小,放进口袋。

采用晶体管的计算机,也成了第二代电子计算机。

1954 年,美国贝尔实验室研制成功第一台使用晶体管线路的计算机,取名"催迪克"(TRADIC),装有 800 个晶体管。

▲ 晶体管和电子管的个头比较

1958 年，美国的 IBM 公司制成了第一台全部使用晶体管的计算机 RCA501 型。

由于第二代计算机采用晶体管逻辑元件以及快速磁芯存储器，计算机速度从电子管时代的每秒几千次提高到了几十万次，主存储器的存储量，也从几千字节提高到 10 万字节以上。

▲ 晶体管收音机可以放到口袋里，之前的电子管收音机和微波炉一样大

▲ 采用晶体管的第二代电子计算机

"三驾马车" 后传

因为肖克莱的霸凌，"三驾马车" 解散了。

布拉顿后来去了他的母校惠特曼学院教书。

肖克莱因为霸凌的事，在贝尔实验室坏了名声，所以他在 1956 年离开了贝尔实验室，远走美国的西海岸，自立门户成立了 "肖克莱半导体实验室"。

他聘用了很多优秀的年轻人。但是，肖克莱个人的管理方法和脾气不得人心。在他拿了诺贝尔物理学奖回来之后，8 名主要员工集体辞职，成立了仙童半导体公司。肖克莱把他们称为 "叛逆"，这就是硅谷和计算机历史上赫赫有名的 "仙童八叛逆"，里面就有日后英特尔公司的创始人，大名鼎鼎的诺伊斯和摩尔。

肖克莱半导体实验室则每况愈下，两次被转卖后，于 1968 年永久关闭。肖克莱本人最后去了斯坦福大学当教授。

肖克莱把晶体管技术带到美国西海岸，对推动晶体管商业化起了非常大的作用，加利福尼亚州的 "硅谷" 也成为电子产业创新的圣地。

巴丁的风范

巴丁在朋友的引荐下，去了伊利诺伊大学做教授，带领两位学生从事超导方面的研究。神奇的是，他们的理论突破是在1957年2月完成的，也就是巴丁从斯德哥尔摩领了诺贝尔奖回来后几周——有没有被诺贝尔加持、犹如神助的感觉？而这个超导理论，被认为是自量子理论发展以来，理论物理最重要的突破之一。

1957年3月，他们正式在物理学会会议上宣布了这一发现。当时为了让后辈们得到承认，巴丁还决定不参加会议，论文由这两位学生宣读。

后来，考虑到自己因晶体管已经获得过诺贝尔奖了，他提名两位学生为诺贝尔奖候选人，没有列上自己的名字。因为在过去，还未出现过同一个人在同一领域获得两次诺贝尔奖的先例，巴丁担心如果加上自己，会影响到两位年轻人获得应得的荣誉，才出此下策。

令人欣慰的是，瑞典皇家科学院最后为巴丁打破了惯例，他们三人一同获得了1972年的诺贝尔物理学奖。而巴丁也成了在同一个领域两次获诺贝尔奖的传奇——这就是前面"心里话"里"再进一球"的暗示。

有人曾经提出过"巴丁数"这一概念，数值上等于成就除以自我吹嘘，用于形容"谦虚程度"。物理学家巴哈特说，一般人的巴丁数等于1就很不错了，而巴丁则为无穷大。这位两次诺贝尔奖获得者，还乐于在家做饭洗衣服，是不是让你觉得特别亲切，是不是巴丁数无穷大？

巴丁最让人佩服的是，即使在遭受到霸凌和不公之后，仍然坚持对科学的痴迷，仍然对他人充满温暖和善意。**聪明，是上天给的天赋；善良，是人自己的选择。当一个有天赋的人选择善良的时候，他的人生一定会有美满的收获。**

三思小练习

1. 什么是半导体？
2. 晶体管的开关原理是什么？
3. 第一个点接触晶体管是怎么让两根金属丝的接触点尽可能地靠近的？

科学也诗意

假如生活欺骗了你

普希金

假如生活欺骗了你，
不要悲伤，不要心急！
忧郁的日子里须要镇静：
相信吧，快乐的日子将会来临。

心儿永远向往着未来，
现在却常是忧郁。
一切都是瞬息，
一切都将会过去；
而那过去了的，
就会成为亲切的怀恋。

第6讲

纳须弥于芥子

——工程技术的魅力

数目之霸凌

　　二十世纪五六十年代，是晶体管的时代。

　　曾经有人说，美国加利福尼亚州每年生产的晶体管的数量，比一年下的雨滴还要多——当然，这句话也可以反过来理解，加州的气候还是比较干燥的。

　　在当时，一台电子设备中有五大元器件——"五虎上将"：电阻、电容、电感、二极管和三极管，它们都是"穿着铠甲"、单独封装起来的器件。一台计算器如果全部靠"五虎上将"组合焊接而成的话，电路板上成百上千的元器件焊接、维修起来十分复杂，更改也不方便。而且组合元件本身也很脆弱，容易出问题。

　　这就是当时电子工程设计上所谓的"数目之霸凌"（Tyranny of numbers）。有密集恐惧症的人，更是不能从事这方面的工作了。

　　虽然人类跨入晶体管时代的时间还很短，但是现实的应用和困境一下子对技术提出了新的挑战。

　　这时候出现了两位工程师，他们同时各自独立地想出了解决的办法。

▲ 一个小型计算器上的元器件

基尔比的“易筋经”

爱科普的小基尔比

第一位叫基尔比（1923—2005 年），基尔比的父亲是一位优秀的电气工程师。基尔比从小就经常跟父亲一起去发电厂，看父亲和发电、输电设备打交道。从那时起，基尔比就立志成为一个和父亲一样的电气工程师。

基尔比的父亲鼓励基尔比和他的妹妹读书，为他们订了好多书刊，其中的科普杂志对基尔比的影响极大。

后来，基尔比进入伊利诺伊大学学习，1947 年取得电子工程学学士学位。1950 年，他在威斯康星大学获得电子工程硕士学位。

别人度假他搞发明

1958 年，基尔比来到德州仪器公司。他的任务就是怎么把计算器做得更小。

那一年的夏天，因为基尔比刚加入公司，还没有假期。暑假里其他人都休假去了，只有他一个人独占实验室。对于一个技术男来说，这是何等清净自在，可以任由思绪飞扬。

基尔比仔细研究了一些电子线路图和设计方案后，突然产生了一个想法：当时的元器件，包括晶体管，在制造的时候本身尺寸还是比较小的，但是“穿上铠甲”之后尺寸就大了，再通过金属线焊接起来，就更占地方了。

但是，如果电路中所有的元器件，都可以用同一种材料制作，那么是不是就不需要先制造出单个的元器件，而是直接把它们在同一块基板上制作出来，这些元器件在制造过程中就能被连在一起？本是同根生，何必分开封装呢？

▲ 基尔比发明的集成电路

等别人度完假回来，基尔比已经想好了方案。1958 年 9 月 12 日，基尔比成功研制世界上第一块集成电路，在不超过 4 平方毫米的面积上，集成了 20 余个晶体管、电阻和电容元件，各个元件比蚂蚁还要小。

集成电路的发明，可以说是电子电路系统的"易筋经"，让电路的"筋脉"变得更加细微。

基尔比的经历告诉我们，新员工没假期不见得是坏事哟。

诺伊斯的"光刻术"

在差不多同一时期独立发明集成电路的另一位叫诺伊斯（1927—1990 年）。他就是被肖克莱称为"八叛逆"的领头人。

好胜的诺伊斯

诺伊斯从小就有非常强的好胜心和好奇心。在他 5 岁的时候，有一次玩乒乓球意外地赢了爸爸。妈妈对他说：爸爸对你多好，都让你赢了。小诺伊斯很不高兴，他无法接受为了某一个目的而故意输掉比赛的事，说道：比赛就是为了要赢。

他喜欢在废料堆中收集可用的材料，譬如轮子、旧马达等，然后动手把它们拼装成一些有意思的新玩意儿。12 岁时，他和哥哥一起用废旧材料拼造了一架滑翔机。另外，他还在雪橇后部焊上螺旋桨和旧的洗衣机马达，做成电动雪橇。这动手能力不是一般地强，这胆量也不是一般地大。

近水楼台的诺伊斯

他在高中时，附近大学的物理学教授格兰特·盖尔（Grant Gale）见他聪明可教，就让他提前学习大学课程。这位盖尔教授是晶体管发明人之一巴丁的大学同学。在晶体管被发明后，他拿到了贝尔实验室制造的首批晶体管中的两支，并在课堂上展示给大家看，这让诺伊斯着了迷。对于晶体管这个领域，诺伊斯可以说"近水楼台先得月"，赢在了起跑线上。

本科毕业后，诺伊斯本想延续儿时的梦想，在蓝天上开飞机，但因为体检不合格而落选了。诺伊斯去了麻省理工学院读书，硕博连读，一口气拿到了博士学位。想象一下，如果他当上了飞行员，或许整个硅谷的历史都会因此而改变。

诺伊斯在攻读博士学位时，发现自己对晶体管的了解比很多教授都深入——毕竟这是非常新的领域。1956年，在华盛顿的一次技术报告会上，他的报告打动了肖克莱。1个月后，肖克莱打来电话，说他打算到美国西海岸开一家公司，邀请诺伊斯加入。一心想当科学家改变世界的诺伊斯，毫不犹豫地跟随肖克莱的脚步来到加州。

"八叛逆"

一年多后，因为对肖克莱的管理风格有抵触，公司的八个年轻人产生了跳槽的想法。在诺伊斯带领下，八个人成立了半导体历史上鼎鼎有名的仙童半导体公司。

仅仅半年，仙童半导体公司在诺伊斯的领导下就开始盈利。但是，由于电子设备的快速发展，晶体管电路的规模越来越大，不仅设备难以容纳下这么多的晶体管，而且生产成本也居高不下。

▲ 肖克莱口中的"八叛逆"，处"C位"的是诺伊斯

诺伊斯的创意

诺伊斯想方设法要解决这一难题。

当时的仙童半导体公司有最先进的半导体制造工艺——平面技术：把晶体管的线路，通过光刻技术印到硅晶片上，然后通过一系列的工艺，把线路蚀刻出来。

诺伊斯提出了一种方法，在一小块硅单晶片上同时制造晶体管、二极管、电阻和电容等元件，而且，还把连线都一起制作出来。这样，用光刻技术可以制成半导体单片集成电路，所有的元件和连线就"心手相连，天下一家"了。

相比基尔比的方法，诺伊斯的方法更接近实际使用。比较他俩的样品，诺伊斯的确实更精致，基尔比的更像一个试验品。

后来诺伊斯说："即使我们没有这些想法，即使集成电路制造工艺专利不在仙童出现，那也一定会在别的地方出现。即使不在20世纪50年代末出现，那也会在后来的某一个时间出现。只要晶体管制造工艺发展到一定程度，集成电路制造工艺的想法就会出现，这一技术就会被人发明。"这是诺伊斯站在历史的角度看问题，也是自谦之说。**技术发明虽然自有水到渠成的效应，但是，它会挑选有准备的头脑。**

后来因为多种原因，仙童半导体公司出现了问题。诺伊斯和他的好朋友摩尔（1929—2023年）打算建立新的公司。

工程技术的魅力

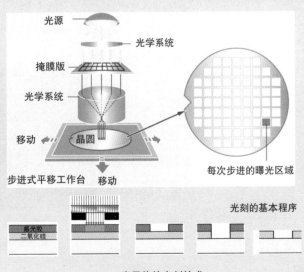

▲ 半导体的光刻技术

英特尔的来历

按照惯例，新公司起名会把创始者的名字连起来，叫作"摩尔诺伊斯"，可是因为念起来有点奇葩，和"太吵啦"（more noise）的发音很近，只好作罢。最终，他们以"智能"一词的词首作为公司名字，同时又与英文的"集成电子"（Integrated Electronics）很相似。于是，英特尔（Intel）这个简单却响亮的名字就这样诞生了！

英特尔走上正轨后，诺伊斯就退居二线。20世纪70年代末期，诺伊斯以硅谷和整个美国半导体工业的非官方代言人的身份出现，担负起了更广泛的责任，并赢得了"硅谷市长"（Mayor of Silicon Valley）的美誉。同时，他还培养后起之秀，其中就有创立苹果公司的乔布斯。

诺伊斯两次创业，两次改变世界，一次是集成电路，一次是Intel。他被认为是继爱迪生和福特后，最为才华横溢的发明家、企业家。

集成电路的诞生使微处理器的出现成为可能，也使计算机走进社会的各个领域。2000年，集成电路问世42年以后，人们终于了解到它给社会带来的巨大影响和推动作用。基尔比因集成电路的发明，被授予了诺贝尔物理学奖。当时，诺伊斯已经因病去世。基尔比说，如果诺伊斯还活着，一定会和他一起站在领奖台上。

▲ 诺伊斯和他发明的集成电路

摩尔的"生死律"

1965 年，摩尔偶然间发现了一个对后来计算机行业影响极为重大的定律，并发表在期刊《电子》上。文章虽然只有 3 页的篇幅，却是迄今为止半导体历史上最具意义的论文。

在论文里，摩尔大胆地预言：集成电路上的晶体管数目，将会以每 18～24 个月翻一番的速度稳定增长，并在今后数十年内保持这种势头。

换而言之，相同价格所能买到的电脑，在性能上将每隔 18～24 个月翻一倍以上。图上的 Y 轴，是对数坐标，每一格就是 10 倍增长。

摩尔的这个预言，后来被集成电路的发展证明了，并在较长时期保持了它的有效性，所以被誉为"摩尔定律"，成为新兴电子电脑产业的"第一定律"。

这一"定律"揭示了信息技术进步的速度，同时，也是一条生死线！如果芯片公司的技术更新达不到这个速度，就会被竞争对手打败——"依律定生死"。

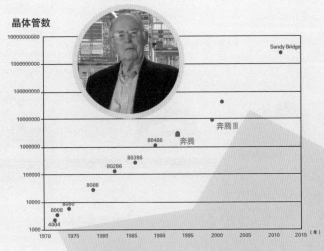

晶体管数

▲ 摩尔和摩尔定律

摩尔定律的类比

"摩尔定律"是一种观测或推测，而不是一个物理定律或自然法则。

我们来看一个音乐厅。

假如把晶体管想象成人，最早的 Intel 微处理器"4004"上有 2300 个晶体管，相当于在一个音乐厅里坐了 2300 个听众。

到了 20 世纪 80 年代，微处理器"80286"上有 13.4 万个晶体管，相当于要让万人体育馆里的 13.4 万人挤到那个音乐厅里。

到了 21 世纪初的"奔腾 III"处理器，有 3000 多万个晶体管，相当于要让东京的所有市民挤到那个音乐厅里。

而到了 2011 年，英特尔"酷睿 i7"处理器包含超过 14 亿个晶体管，相当于要让全中国的人挤到那个音乐厅里。

2019 年最新的 AMD "Zen"芯片，它将 8 个集成片堆起来，总共放了 320 亿个晶体管。这好比把 4 倍的地球人口（地球总共约有 80 亿居民），挤到这个音乐厅里。

你看，再"霸凌"的数目，都被"摩尔定律"收拾得服服帖帖！

那么，"摩尔定律"有没有止境呢?

| 1970 | 1980 | 1990 | 2000 | 2011 |
| 4004 | 80286 | | 奔腾III | 酷睿 i7 |

▲ 摩尔定律的类比

当半导体工艺到达几个纳米的时候，往往几个电子就会决定晶体管的状态，也就是说开始进入量子的世界，差不多到达"摩尔定律"的极限了。

未来将是什么？是 3D，是仿神经计算机，还是量子计算机？

有一种观点很有意思：我们人类拥有 1000 亿个神经元，这种情况已经有好几万年了。在这几万年里，我们的神经元数目没有增加，但是，智力水平却不可同日而语。那么，我们是不是可以充分利用现有的集成电路水平，就用几百亿个晶体管，做更多的事呢？

第三代计算机

数字设备公司（DEC）从 20 世纪 60 年代早期开始制造了一系列的计算机，采用的就是集成电路，属于第三代电子计算机。

这台 PDP-11 在 1970 年上市，是当时唯一的 16 位计算机。

它对后来的计算机技术产生了深远的影响。后来的操作系统、C 语言和微型处理器，都和它有密切的关联。

我们回头来看对计算机的分代：

1940—1956 年，是第一代电子管计算机；1956—1963 年，是第二代晶体管计算机；1964—1971 年，是第三代集成电路计算机。

第一代只持续了 16 年就被第二代替换，而第二代只独领风骚 7 年就被第三代更新。长江后浪推前浪，技术革新换代的脚步是何等之快！

▲ PDP-11 和里面的电路板

工程技术的魅力

大规模集成电路达到了佛经里所说的"纳须弥于芥子，藏日月于壶中"的境界：把须弥山放进芥菜籽里面，把日月藏进水壶之中。芥子喻义极为微小的东西。我们粗略估算一下比例：月亮的直径约为3476千米，把它缩小到能放进水壶里，大约几厘米。这是缩小到了亿分之一。目前最新的晶体管技术，可以把原先几厘米大小的晶体管，缩小到纳米级别，差不多是千万分之一。还真差不多！

基尔比认为自己不是一位科学家，因为科学家有伟大的思想，是解释事物的，而他是工程师，是解决问题的人，工程师创造工艺，制造产品，并把它们应用到工作和生活中。

在现代教育中，工程日益受到重视。在美国，大学教育和公司人才引进有一个大的类别叫作"STEM"，这是科学（Science）、技术（Technology）、工程（Engineering）、数学（Mathematics）四门学科英文首字母的缩写。

其中科学在于认识世界、解释自然界的客观规律，如宇宙天体的运行、物质的本源、生命的起源、人体的奥秘等。

技术和工程，则是在尊重自然规律的基础上改造世界，实现与自然界的和谐共处，比如，无人驾驶、抗癌药物、人工智能、器官植入等。

数学，则是上面所有学科的基础。相对数学和科学而言，科技和工程更和人的生活息息相关。

　　睡觉的床、喝的牛奶、吃的水果、背的书包、写字的笔、用的纸……我们每一天的生活都离不开它；登月、飞天、渡海、钻山，里面都有它。

　　工程师，以数学和科学为武器，把不可能变为可能。你愿意成为一名工程师吗？

三思小练习

1. 第一代计算机是什么？
2. 第二代计算机是什么？
3. 第三代计算机是什么？

当碳爱上硅

文明史上最美丽的童话
所有的心跳，
来源于沙砾深处的图腾，
那些耗尽千年，才能看清的本征。
冶炼和淬火，
光与水的蚀刻，一轮又一轮，
把顽石打磨成钻石耀眼的一瞬。

耳边有需要张扬的声音，
眼前有必须明断的是非，
心中有念念不忘的曾经。
只是，当一颗奔腾的心，
转动电子世界的摩天大轮，
我们该有怎么样的智慧，
才能让碳基与硅基共存的人间，
永享和谐安稳？

注：用光刻技术在硅晶上制造晶体管和大规模集成电路，用于放大、逻辑
运算和存储，是现代"硅基"文明的基础。不含杂质的半导体称为本征半
导体。奔腾是Intel的一款芯片。而人类生命是基于碳元素的。

第7讲

晚宴的"真面目"
——一顿关于逻辑的晚餐

一场晚宴背后的数学

假设我们俩去饭馆吃晚餐。服务员递上菜单，一看，有几个你喜欢的菜：羊肉煲、地三鲜、清蒸鲈鱼；也有我喜欢的菜：糖醋排骨、蒜蓉豆苗、清蒸鲈鱼。最后，我们点了 3 个菜：羊肉煲、蒜蓉豆苗、清蒸鲈鱼。

你知道吗？不知不觉之中，我们用到了一门很抽象的学科——符号逻辑。这 3 个菜当中，清蒸鲈鱼是我们都喜欢的，这个"都喜欢"，是一种叫作"交集"的运算。羊肉煲是你喜欢的，蒜蓉豆苗是我喜欢的，把它们加在一起，这是一种叫作"并集"的运算。

自学成才的校长

创立这门学科的人，是一位自学成才的数学家。而当时欧洲主流的数学家对这门新理论的评价是：在数学上没有意义，在哲学上稀奇古怪。但是，就是这种数学，却在百年之后成为现代计算机的数学基础。接下来，是他的故事。

在巴贝奇同时代，有一位英国的数学家叫乔治·布尔（1815—1864 年）。他出生在一个皮匠家庭，从小家境贫困，但是他非常喜欢学习。他最喜欢看的书是数学书，除了因为这是他的爱好，还有一个很奇葩却有说服力的理由：没钱买书，而一本数学书可以看很长时间。没有接受过正规教育的他，靠看数学书自学成才，最后还开办了学校，当了校长。

他研究了一个非常有趣的问题：像"鸡兔同笼"之类的数学问题可以由代数非常有效地解答；他的朋友巴贝奇已经在设计机器来运算代数问题了；但是，由亚里士多德等人开创的逻辑推理，能不能用数学的方式来表达？

稀奇古怪的数学

比如，"我喜欢吃羊肉"，这个陈述可以用一个符号 A 来表示。A=1，表示这句话是对的；A=0，就表示这句话是错的。

"你喜欢吃羊肉"，这个陈述也可以用一个符号 B 来表示。B=1，表示这句话是对的；B=0，就表示这句话是错的。

布尔定义了 3 个逻辑操作："非"（NOT）、"与"（AND）和"或"（OR）。

NOT 是对一个陈述的否定。NOT A 就是"我不喜欢吃羊肉"。当A=1 时，NOT A=0。当 A=0 时，NOT A=1。把它们的逻辑关系罗列出来，就成了一个"颜值表"——哦，是"真值表"（Truth Table）。

A: 我喜欢吃羊肉	NOT A: 我不喜欢吃羊肉
0	1
1	0

"A AND B"表达的就是"我和你都喜欢吃羊肉"这个陈述，具体的运算规则如下面的表格。这其实就是前面说的"交集"。

一顿关于逻辑的晚餐

A: 我喜欢吃羊肉	B: 你喜欢吃羊肉	A AND B: 我和你都喜欢吃羊肉
0	0	0
0	1	0
1	0	0
1	1	1

"A OR B"表达的就是"我或者你有一个人喜欢吃羊肉"这个陈述，具体的运算规则如下面的表格。这其实就是前面说的"并集"。

A: 我喜欢吃羊肉	B: 你喜欢吃羊肉	A OR B: 我或者你有一个人喜欢吃羊肉
0	0	0
0	1	1
1	0	1
1	1	1

你看，陈述和逻辑推演，都可以用代数符号和运算来进行表达了。里面最基本的数是"0"和"1"，非常简单的二进制，最基本的逻辑操作是"非""与""或"。

布尔在32岁时出版了《逻辑的数学分析》，搭起逻辑和代数之间的桥梁，创立布尔逻辑和布尔代数。亚里士多德

▲ 布尔（左）和辛顿（右）

传统的逻辑，在小院子里踏步了 2000 多年后，从此走上数理逻辑的"高速公路"，步入了更广阔的天地，为现代计算机的出现奠定了数学基础。

对于理工科学生，布尔可以说鼎鼎有名，他的名字在计算机语言和程序中随处可见。而对于文科生而言，他小女儿的名字可能更加如雷贯耳：伏尼契，《牛虻》的作者。

非常有意思的是，2018 年"图灵奖"的获得者之一，人工智能"深度学习之父"辛顿，是他外孙的孙子，属于他大女儿的那一支。这真是计算机科学史上的一段佳话。

"皮卡丘"晶体管

晶体管是 20 世纪人类的伟大发明之一，正是因为有了这个最基本的单元——小小的晶体管，才有了现在的电脑、手机、各类电器，有了这个信息时代。

我们之前解释了场效应管，看过一场"场效应管的演唱会"。明星上场，"霸气侧漏"，让半导体里的游离电子形成通道从而导电。

场效应管的符号，有点像一个中文的"元"字，"头顶"是栅极，下面"两只脚"是源极 S 和漏极 D。这个小小的晶体管，在行为上简直就是《精灵宝可梦》里的"皮卡丘"！

当"元"字头上的栅极接上高电位"1"时，源极和漏极之间导电，"皮卡丘"发怒放电。

当"元"字头上是低电位"0"时，源极和漏极之间就不导电，"皮卡丘"是个脾气温和的小宠物。

晶体管的特性是：它有时候像铁一样是导体，有时候像石头一样是绝缘体。它导不导电，是可以通过栅极控制的。

导电或者不导电，这两种状

▲ 每一个晶体管都是脾气可控制的皮卡丘

"或门"鲍勃　"非门"斯图尔特　"与门"凯文

注：逻辑运算中有三个主角：非门，与门，或门，我们分别用三个小黄人来做形象代理

态可以通过控制来转换，这恰恰就是二进制运算所要达到的效果。

所以，晶体管是实现二进制运算最好的工具，而二进制运算是最简单的数学逻辑运算。二进制和晶体管，双剑合璧，开创了电脑时代。

我们可以将一正一反两个"皮卡丘"晶体管接起来，组成一个完成"非"逻辑运算的"非门"。

Vdd 接到高电位上，Vss 接地。

当 A 接到高电位 "1" 时，上面的"反皮卡丘"晶体管不导电，而下面的"皮卡丘"晶体管导电，这样，Q 就是和 Vss 一样的电位，是 "0"。

当 A 接到电低位 "0" 时，上面的"反皮卡丘"晶体管导电，而下面的"皮卡丘"晶体管不导电，这样，Q 就是和 Vdd 一样的电位，是 "1"。

你把 "0" 放进去（A），出来的就是 "1"（Q）；你把 "1" 放进去（A），出来的就是 "0"（Q）。

原来，并不是"非门"的哪根"筋"搭错了，而是它的"筋"本来就是这样搭的！身体里面藏着正反两个"皮卡丘"，不混乱逆反才怪呢。

用晶体管搭建成逻辑门的具体原理，只是在电子工程专业的大学课程里才有。现在很多从事逻辑电路设计的人，是直接用布尔逻辑的符号进行设计的，不会涉及底层的晶体管。我们简单地解释这个原理，也是不忘初心。

一顿关于逻辑的晚餐

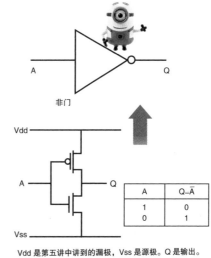

Vdd 是第五讲中讲到的漏极，Vss 是源极。Q 是输出。

▲ "非门"小黄人和晶体管

"组合三杰" 的真面目

接下来看这些"皮卡丘"是怎么联手变成逻辑运算的基本单位的。

逻辑运算是判断一件事是对是错，是真是伪。

比如，一个"非"的逻辑运算，当输入是真（1）时，输出是伪（0）；当输入是伪时，输出就是真。这是一个总是唱反调"非也非也"的逻辑运算。

这个"非门"是个非常调皮捣蛋的家伙。

你说左，它就右；你说上，它就下；你说前，它就后；你喜欢羊肉，它就不喜欢羊肉。

再来看第二种基本的逻辑运算："与"。

"与门"（AND Gate），它有"先天下之忧而忧，后天下之乐而乐"的情怀。

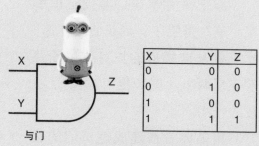

X	Y	Z
0	0	0
0	1	0
1	0	0
1	1	1

▲ "与门" 的符号、真值表

它背负着真值表的"家训"。真值表告诉它，当外面什么情况时，该怎么处理。如果用"1"表示开心，用"0"表示不高兴，那么，只要有人不高兴（"0"），它就不高

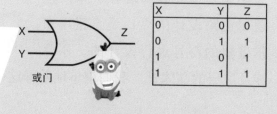

X	Y	Z
0	0	0
0	1	1
1	0	1
1	1	1

▲ "或门" 的符号、真值表

兴（"0"）；只有所有人都高兴了（"1"），它才高兴（"1"）。

"与门"的里面，有 4 个晶体管，每一根"筋"都按照特定的设计"搭连"。具体的原理，有兴趣的读者可以去网上查阅电路图。我们点的那盘清蒸鲈鱼也是这个"与门"的产物。

第三种基本的逻辑运算是"或"。"或门"（OR Gate），喜欢凑热闹、玩耍，没心没肺。只要有人高兴（"1"），它就高兴（"1"）。

我们点的羊肉煲和蒜蓉豆苗，就是"或门"的产物。

"逻辑门"家族里的小黄人，它们开心或者伤感（变"1"或者"0"），可以随时变化，不受外部事物控制。

这一类电路，叫组合逻辑电路。"非""与""或"，是计算机里三个最基本的逻辑运算，其他的逻辑运算都可以根据这三个组合得到，号称"组合三杰"。就这样，我们用晶体管实现了布尔逻辑里的三个最基本的操作。

"组合三杰"小试牛刀做加法

你不要小看这"组合三杰",计算机里大部分的电路都是由它们搭建起来的。它们除了做"是是非非""或或与与"的逻辑运算,还可以把算术的加减法,转换成逻辑运算。你没有看错,把加法变成逻辑运算!

这逻辑门的"三兄弟"太厉害了,它们的各种组合,构成了电脑里各个强大的"法器":加法器、减法器、乘法器、除法器、计数器、分频器……

加法转换成逻辑运算

二进制的加法是怎么运算的呢?下面就是二进制加法的规则和真值表。

0+0,和为0,进位为0;

0+1,和为1,进位为0;

1+0,和为1,进位为0;

1+1,和为0,进位为1。

半加器真值表

A	B	和(Sum)	进位输出(Carry=A AND B)
0	0	0	0
0	1	1	0
1	0	1	0
1	1	0	1

我们可以用——

一个"或门"，

两个"非门"，

三个"与门"，

——让它们在一起协同工作，完成一位"二进制"数的加法，得到"和"、进位值。

以 1+1 为例，我们来研究研究这个加法器是怎样得到"和"和进位值的。

B 输入的"1"经过"非门"后，变成"0"。

这个"0"和 A 输入的"1"经过"与门"，就变成了"0"。

所以，半加器的真值表和逻辑门实现图中，上面两个"与门"的输出都是"0"。

"0"和"0"进了"或门"，输出的"和"还是"0"。

最底下的"与门"专门负责进位，当 A、B 两个输入都是"1"时，输出的"进位"是"1"。

你看，不需要齿轮、继电器、真空大灯泡，就用这么微小的晶体管，按照三个基本的逻辑操作，就能完成加法运算。

"你若不来我不开"之时序逻辑

组合逻辑的"三杰"虽然威力强大，但是，它们有一个局限：这个组合逻辑的世界，没有时间的概念。这和我们真实的世界是有差距的。接下来，我们要在逻辑世界里引入一个"时钟"，所有的运算，都由时钟来控制，"时钟的脉冲不来，我就不开"。

好比我们商量点哪一个菜，在服务员写下菜单之前，我们尽可以商量，改主意或者谦让。但以服务员写下菜名的时刻为准，落笔点定为止。

我们来看一个最简单的 D 触发器，它有两个输入、两个输出。

D 是我们常见的输入值，而另一个是时钟输入 CLK，它们的标识，是用一个箭头 ">"旁边加上 C（Clock）。

输出 Q 在脉冲的"上跳边沿"到来的时候，取 D 的值，而另一个输出是 Q 的"非"逻辑，正好相反。

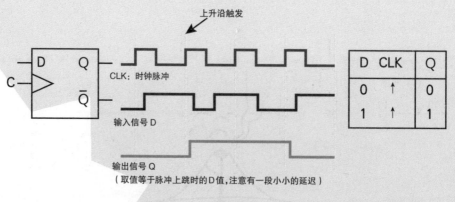

▲ D 触发器

比如，当数据（0和1）到了D的门口，需要等一个时钟脉冲到来，才能进到触发器里面去。如果时刻未到，只能一直等在门口。这个触发器，就是诺伊斯最早发明的那一个集成电路。

由于触发器所有的动作都是受时钟控制、严格同步进行的，这类电路叫时序逻辑电路。可以用时钟的电平值来控制（水平触发），也可以用时钟跳动的刹那来控制（边沿触发）。

这个时钟的频率，决定了逻辑运算的速度。我们平时看到的计算机主频，就是决定计算机速度的指标。

当我们把8个触发器串起来的时候，就制作成了计算机里最常用的寄存器。它可以读取输入的数据，然后锁定不变，直到下一次再输入。

一顿关于逻辑的晚餐

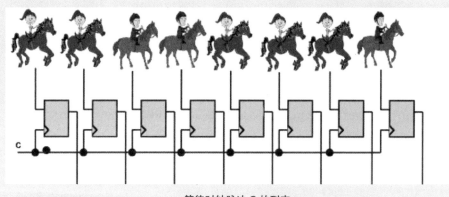

▲ 等待时钟脉冲 C 的到来

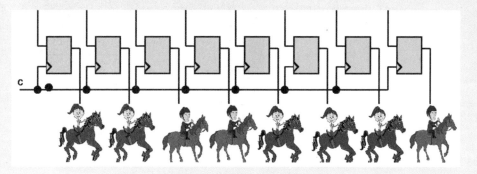

▲ 数据 D 有了脉冲才能进入寄存器

米粒之珠放光华

利用晶体管，组成了"组合三杰"以及基本的时序逻辑，再由这些基本的小模块，我们构建起了计算机。

1971 年的 11 月 15 日，英特尔公司发布了世界首款商用微处理器"4004"。

揭开它的封装，可以看到密密麻麻的 2300 个晶体管，晶体管之间的距离是 10 微米。

它能够处理 4 比特的数据。每秒运算 90000 次，运行的频率为 740KHz。摩尔将"4004"称为"人类历史上最具革新性的产品之一"，而"4004"在当时的成本不到 100 美元。

英特尔公司还曾开发出"4001"动态随机存储器 DRAM（Dynamic Random Access Memory）、"4002"只读存储器 ROM（Read Only Memory）、"4003"寄存器（Register），这三块芯片加上"4004"，"四手联弹"就可架构出一个微型计算机系统。

从此，电子计算机进入第四代——微处理器时代。

米粒之珠，放出了耀眼的光华——我们在文章的开头也专门点了米饭。

▲ Intel "4004" 微处理芯片

史上最强硕士论文

1938 年，香农在 MIT 获得电气工程硕士学位，硕士论文是《继电器与开关电路的符号分析》。当时他已经注意到电话交换电路与布尔代数之间的类似性，可以把布尔代数的"真"与"假"和电路系统的"开"与"关"对应起来，并用 1 和 0 表示。于是，他用布尔代数分析并优化开关电路，奠定了数字电路的理论基础。这可能是历史上计算机领域最重要、最著名的一篇硕士论文了。

这一讲是本书的难点，特别是如何用晶体管搭建最基本的逻辑运算电路"非门""与门""或门"。从晶体管到逻辑门，再到加法器和寄存器，在计算机芯片里的上亿个晶体管，就是从简单到复杂，按照这样严格的逻辑电路设计搭建起来的。

（图片来源：www.cpu-zone.com）

▲ Intel "4004" 系列芯片可以架构出一个微型计算机系统

一顿关于逻辑的晚餐

小小的芯片里有无数的晶体管做着逻辑的运算。正如一碗羊肉煲里有无数的蛋白分子，维生素 B_1、B_2、B_6，以及铁、锌、硒，虽然你看不到，但是，分子原子组合在一起，你才品味到了鲜美。

当我们感谢大厨的厨艺时，我们也感谢 100 多年前的布尔，感谢香农，感谢设计电脑的科学家和工程师们。

趁羊肉尚温，全数归君，请尽情享用。如果你全部懂了，清蒸鲈鱼也归你，我只要鱼汤拌饭——看米粒之珠发出乳白色的光亮。

三思小练习

1. 请写出"与门""或门"的真值表，各举一个实际生活中的例子。

2. 请写出半加器的真值表。

3. 请写出全加器的真值表。

人间

既然已经把日月纳入这方天地，
就可以立国，以布尔为王。
非花非雾，我与杯，或酒或茶，约法三章。
看车马，舟渡，行市，按时作息，
掌间流动一幅《清明上河图》。

而我，要等月下的那一曲传奇，
唤来云影、清风和暗香，
绾住这些柔软美丽之物。
在眸子深处，植一片光阴，
藏起一个深爱的人间。

注：布尔的数理逻辑"与""非""或"运算，是计算
机内部逻辑运算的基础。

如何汇编"天书"

——语言的进阶

去杏花楼买一盒 "初心巧克力"

逻辑电路让我们认识了计算机内部的基本单元——晶体管，它们是一个个只认识"1"和"0"的家伙。这也就意味着，如果我们要和它们交流，必须用"1"和"0"的语言，也就是机器代码。这对于程序员来说，真是太有挑战性了。

你会编汇编吗？

所以，早期的程序员开始设计一种帮助记忆的"助记符"，这就是汇编语言。然后，再用一个汇编神器，自动将汇编语言翻译成机器代码。

每一句机器码要说明：去哪里？要干啥？

要干的事叫操作码（Opcode），去哪里叫操作数（Operand）。比如，去杏花楼买一盒初心巧克力。"买一盒初心巧克力"是要干的事，是操作码；"杏花楼"是地方，是操作数。

比如，我们可以用 4 个比特来表示操作码，用 8 个比特表示操作数：它是要计算的数值，或者安放数值的地址。

汇编"天书"

0000命令：把加法器里的数，让快递小哥存放到指定的地址，这是"存放"。比如，000000000101，就是把加法器里的结果搬到00000101地址。

0001命令：把命令里面的数，搬到加法器里，这是"上载"。

0010命令：里面写着一个地址，让快递小哥去把这个地址里的数，搬到加法器里。这也是"上载"，只不过命令里的不是数据本身，而是放置数据的地址。

0100命令：把命令里的数，加到加法器里，这是加法。

1000命令：里面写着一个地址，让快递小哥去把这个地址里的数取来，再加到加法器里。这也是一种"加法"，只不过命令里的不是数据本身，而是放置数据的地址。

操作码	操作数	指令
0000	地址	STORE
0001	数值	LOAD
0010	地址	LOAD
0100	数值	ADD
1000	地址	ADD

这里面很让人头晕的是，需要理解被操作的是数值本身，还是某个"地址里的数值"。我们在一个数字前面加一个看着像"井"字的符号"#"，表示这是一个数值，如果不加"#"，就是一个地址。

```
LOAD #1
ADD #1
STORE 5
```
→
```
000100000001
010000000001
000000000101
```

▲ 汇编器将汇编语言转换成机器码

比如：

LOAD#1

ADD#1

STORE5

按照规则，翻译成机器码就是：

000100000001

010000000001

000000000101

告诉电脑要完成的计算是：

把数值"1"装载到加法器

加上数值"1"

把结果卸下到 5 号地址

再如：

LOAD1

ADD2

STORE5

按照规则，翻译成机器码就是：

001000000001

100000000010

000000000101

告诉电脑要完成的计算是：

把"地址 0001 里的数值"装载到加法器（假设里面的数值是"6"）

加上"0010 地址里的数值"（假设里面的数值是"8"，电脑就会做"8+6"运算）

把结果卸下到 5 号地址

汇编语言和汇编神器，把人从打孔重负中解放了出来，而且避免了很多打错孔的情况。

汇编语言，用一种人类能理解的符号，让我们从 0 和 1 的数字串中解脱了出来。这已经是一个很了不起的进步。

但是，它直接和硬件打交道，一个简单的操作，需要在寄存器、加法器之间搬来搬去、上下腾挪，非常烦琐。几次搬移之后，你已经晕头了。

在这种情形下，高级的计算机语言出现了。从 BASIC、Ada、COBOL、FORTRAN、PASCAL、C、Java，一直到现在流行的 Python，都是高级的计算机语言。

C = A+B | C | C++ | JAVA
高级语言

↓

ADD A, B | 汇编语言

↓

10010011 | 机器码

↓

✓ | 硬件

▲ 硬件、机器码、汇编语言和高级语言

高级语言的“开挂人生”

我们来看一下，一个高级语言应该具备哪些功能。

首先，在程序中有各种变量：整数、小数、字符串、数组，这些都需要在程序开始的时候予以说明。

1.a++：数学课上看不到的数学运算

当初学者看到：

a=a+1；

很难接受这样的数学表达式：这怎么可能成立呢？

在计算机语言里，这表示在 a 这个变量上面，加上 1。等式右边 a 是变量旧的值，左边是变量新得到的值。

同样的一个变量，在等式右边和左边，代表了它的过去和现在，具有不同的意义和数值。

如果你回想一下汇编语言，就能理解这句程序了。

先把 a 里的值，放到加法器里

加法器加上 1

最后把加法器里的结果放到 a 里面去

这简简单单的一句，包含了三句汇编语言的指令。这就是高级语言的化繁为简。

在 C 语言里，这个语句更为简约，变成了

a+=1；

还有简洁到极点的：

a++；

这是让变量 a 加 1。在汇编里的三行语句，在这里简化成了三个字符！

对于这样的语法你要有心理准备，并必须接受。而且，更重要的是，记得它们只在 C 语言里用，别带到数学课上去——数学考卷上是不认可的。

2．"心若在，梦就在"：看懂条件语句

有一句歌词唱的是："心若在，梦就在。"如果我们用逻辑表达，可以写成这样：

if（心若在）梦就在；

else 梦不在；

你看懂了吗？如果看懂了，那么，理解 C 语言里的条件语句就容易了。

在 C 语言里，有一个条件语句"if else"就是告诉计算机，按照不同条件做不同的事情。假如满足 if 里面的条件，就做它后面的操作；如果不满足，就做 else 后面的操作。比如，

if（a>=b）return a；

else return b；

return 语句的作用，是从当前的函数中退出，并返回一个值。这两句语句是比较 a 和 b 的值，把它们中间大的那个数返回给程序。

C 语言里还有一个条件语句可以处理更复杂的情况。比如，你出门，看到下雨，就带雨伞；看到日出，就擦防晒霜；看到"东边日出西边雨"，就擦上防晒霜带着雨伞；如果风大，就戴着围巾。

可以用一个 switch 的条件语句来表达。

switch（天气）

语言的进阶

```
{
  case "雨":
      带伞（）;
      break;
  case "晴":
      擦防晒霜（）;
      break;
  case "晴转雨":
      擦防晒霜（）;
      带伞（）;
      break;
  case "刮风":
      戴围巾（）;
      break;
}
```

"带伞( )"中的括号，表示这是一个函数或者子程序（后面会具体解释）。break 语句的作用是从 switch 中跳出来，不再执行后面的 case 判断了。

3. 巧克力随意买

你拿着 10 元钱去买巧克力，一元钱一颗。在计算机里，必须收到一元钱，才给你一颗巧克力。这里的重复动作需要做 10 次。如果写成程序，就是要重复 10 次。这太烦琐了。

在 C 语言里有一个大名鼎鼎的 for loop（循环），可以轻松搞定这种情况。

短短的第一行里面有三个部分，用";"分开：第一部分是初始化；第二部分是条件判断，如果正确就做后面循环里的事，如果错误就结束；第三部分是每次循环后做的一步操作。

◀ 买 10 颗巧克力

```
for（i=0;i<10;++i）

{

    付钱（）;

    拿巧克力（）;

    吃了（）;

}
```

一开始计数器 i=0。

小小循环里要做几件事:

判断 i<10 是否成立，如果成立，就做以下操作:

付钱（）;

拿巧克力（）；

吃了（）；

计数器 i 加 1（就是第一行里的 ++i，现在是 1 了）

然后回到 for 循环，继续：

判断 i<10 是否成立，如果成立，就做以下操作：

付钱（）；

拿巧克力（）；

吃了（）；

计数器加 1（现在是 2）

…………

等买了 10 颗巧克力之后，计数器就是 10 了。

回到 for 循环，发现 i=10，条件不成立，就跳出循环。买巧克力的任务完成了。

作为一个初学者，能看到这里已经很难得了，这 10 颗巧克力就作为对你的奖励。

当然这个例子只是用来示范，"买巧克力"这句中文在实际程序中需要用合法的语句来代替。下面是一个实际的程序例子，里面的 int i 是把 i 定义为整数型变量。程序里每一个出现的变量，都需要说明是什么类型，是整数，还是分数，还是字符串，等等。

```
# 打印数字 0 ~ 9
#include<stdio.h>
int main（）{
int i;
for（i=0;i<10;++i）
{
  printf（"%d ",i）；
}
```

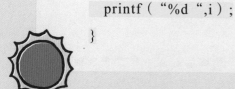

```
    return 0;
}
```

最后的执行结果是：

0123456789

stdio.h 是 C 编译系统提供的一个程序库，是 "standard input & output" 的缩写，有了它就可以调用打印语句 printf( )。printf ( ) 用逗号分隔成两部分，前面引号囊括的是打印格式，%d 是说明按照十进制整数格式打印，逗号后面是要打印的变量 i。注意程序中 "{" 和 "}" 是成对出现的，表示里面是一段完整的程序。

碰到无法用计数器的情况怎么办呢？比如，你觉得吃巧克力应该是要吃过瘾才行——就是任性。那么，还有一个 while loop（循环）可以使用。只要满足条件，就一直循环下去。

```
while（没有过瘾）
{
        付钱（ ）；
        拿巧克力（ ）；
        吃了（ ）；
}
```

你看，设计 C 语言的人是不是善解人意啊？

当然，编写 loop 循环的程序时，一定要注意避免无限循环。"年复一年，我不能停止怀念"，歌当然可以这样唱，程序可不能这样写——程序的人生，必须有跳出循环的勇气！

这个例子只是用来示范，"没有过瘾" 在实际程序中是一个逻辑判断语句。下面是一个实际的程序例子：

```
# 打印数字 0 ~ 9
#include<stdio.h>
int main（ ）
```

```
{
    int i=0;
    while（i<=9）
    {
    printf（"%d\n",i）;
    i++;
    }
    return 0;
}
```

执行结果:

0

1

2

3

4

5

6

7

8

9

int main（）是 C 语言 main 函数的一种声明方式，int 代表函数的返回类型是一个整型的数据，main 是函数的名称。也正是因为定义了 main 的类型是整数型，所以要 return 0。这里的打印语句，格式里多了"\n"，是一个换行符号，表示打印 i 的值之后，换一行。

4. 撒手锏子程序

在设计一个程序的过程中，常常会遇到功能相同的程序段。比如，很多人会去买巧克力，有的喜欢"初心巧克力"，有的喜欢"开心巧克力"。

如果这个程序段比较复杂，每次用到时要写一遍，很容易出现错误，也使程序变得庞大。为了克服这个缺点，当遇到具有相同功能的程序时，可以用子程序的方式进行处理。子程序调试好之后，可以作为一个模块，被主程序随时调用。

子程序的好处是"一次就好"：可以专门实现某项功能，易于开发人员理解和接受，同时利于调试和发现 bug。

比如，对于买巧克力这件事，你可以设计成一个"买 n 颗某种 x 巧克力"的子程序。小明要买 5 颗"开心巧克力"，可以简单地调用它，并告诉子程序 n=5，x= 开心；小红要买 9 颗"初心巧克力"，也可以调用它，并告诉子程序 n=9，x= 初心。

下面是一段把三个数相加的子程序（在 C 语言里也叫函数）。先定义一个函数，它需要输入三个整数，算好之后将结果返回（return）。

```
int add3（int a,int b,int c）
{
    return a+b+c;
}
```

然后，就可以调用函数了。调用的时候，把函数需要的三个输入参数的值传递给它。

下面的例子中，第一次调用，传递的数是 2、3、4；第二次调用，传递的数 20、30、40；第三次调用，传递的数是 200，300，400。最后的结果就是 999。你能读到这里，一定要鼓励一下，这是给你的红包奖励——999 分钱。

```
main（）
{
```

```
    int sum=0;
    sum+=add3（2,3,4）;
    sum+=add3（20,30,40）;
    sum+=add3（200,300,400）;
}
```

　　这里的函数，括号里有数值，是程序传递给函数的参数。之前"带伞（ ）"的括号里是空的，不需要传递函数。

　　我们介绍这些，并不是具体教授 C 语言编程，而是讲解一些主要的概念，如果你有兴趣深入下去，可以选修一门计算机语言课，多做练习，把它们熟练使用。C 语言里的基本操作和语法也就不到 100 种，相比我们学习英文这一门外语，要简单得多。但是，就是这样简单的语言，熟练掌握之后，可以构建出计算机的软件世界。

计算机编程艺术

说到计算机编程，不得不提一位大神——高德纳（1938— ）。他是美国著名计算机科学家，斯坦福大学计算机科学系荣誉教授。高德纳写了一部经典著作《计算机程序设计艺术》。

▶ 高德纳和《计算机程序设计艺术》

传奇高德纳

《计算机程序设计艺术》第一卷于 1968 年推出，可真正能读完读懂的人为数不多。天才如比尔·盖茨，据说也是花了几个月才读完这一卷，最后感慨："如果你想成为一个优秀的程序员，那就去读《计算机程序设计艺术》吧。读完后，可以把简历寄给我！"

1973 年，这部刚出到第三卷的书（计划写七卷）已被计算机界视为"神作"。最初几年就卖出 100 多万套，被译为中、俄、日、西、葡等多国文字后，更创造了计算机类图书的销售纪录。

1974 年，高德纳因为这本书获得了图灵奖。彼时的高德纳才 36 岁，迄今还保持着最年轻图灵奖获得者的纪录。

在出版书籍的过程中，高德纳对排版的样式很不满意。于是他花 10 年工夫，自己写了一个排版软件 TeX，这个软件至今仍然是西方大学论文写作使用的标准软件。

1992 年，高德纳为潜心写作，从斯坦福提前退休，同时停用电子邮箱。

40年四卷书

2008 年，在前三卷出版 30 年后，在粉丝的千呼万唤中，《计算机程序设计艺术》的第四卷终于面世，那时的高德纳已然是满头白发的古稀老人——"廉颇虽老"，尚能编程！

从 24 岁开始写作，直至耄耋之年，他为这部作品耗费了毕生心血。他的个人经历，就是一部计算机语言的进阶史。

"计算机编程是一门艺术，因为它将积累的知识应用于世界，因为它需要技巧和创造力，尤其是因为它产生美丽之物。潜意识中将自己视为艺术家的程序员，将享受他的工作并将其做得更好。"这是高德纳眼中的软件编程和程序员。计算机，让我们的世界变得如此精彩，怎么会没有艺术的想象力？当你用手机拍摄美丽的风景，当你去电影院观看 3D 大片，软件和艺术就同时在你身边。

《计算机程序设计艺术》被《美国科学家》期刊列为 20 世纪最重要的 12 本物理科学类专著之一，与爱因斯坦的《相对论》、狄拉克的《量子力学》、费曼的《量子电动力学》等经典比肩而立。

如果你在读了本书第三讲和第六讲后，决定做一个程序员和工程师，而这一讲也没有使你退却，那么，就去选一门程序语言的课，正式开始学习并动手编程吧。可以先帮自动售货机编写一个"初心巧克力"程序——我相信巧克力的魅力。作为一个预备程序员，请记住一个日子：每年的 10 月 24 日，是中国的程序员节（1024 是 2 的 10 次方）。

　　"计算机从娃娃抓起"，20 世纪 80 年代第一批接触计算机的少年，曾经用 BASIC 写出幼稚的语句，如今我写下计算机的科普文字，心中有无限感慨，多少青春不再，多少情怀已更改，一颗初心还在……此处使用 for loop 省略 999 字。

語言的进阶

下面三段程序的结果是什么?

1.

```c
#include <stdio.h>
int main ( )
{
int i;
for ( i = 0; i < 15; ++i )
{
    printf ( "%d ", i ) ;
}
    return 0;
}
```

2.

```c
if ( a >= b ) return a-b;
else return a+b;
```

3.

```c
if ( a >= b ) return a--;
else return b++;
```

科学也诗意

蒲公英的花语

嘘，告诉你，
这个世界真的是一个Matrix。
我们活在一个个程序里，
生活已经被定义，
if，then，else。

我找到了离开的通道！
就是这把蒲公英的小伞。
拿着！把背包扔掉，
等山边那阵绿色的风，
——吹过来！

Yaahooooo！飞起来了！
我们很轻，
飞翔很诗意，
星说星语、花唱花语，
你笑时，风把阳光吹起，

你哭时，伞里就下雨。

…………

天空很冷清啊，
你想回去，
还是继续逃离？

第9讲

开展专业服务的管理团队

——"大 BOSS"操作系统

奇葩的旅店

我们用电子管、晶体管或者集成电路搭建成计算机之后，好比建好了旅馆，所有的硬件设施已经齐备。这样的计算机是不是就能给用户使用了呢？

假设我们来到了一个旅馆"自助居"。

进门，大厅空空荡荡，没有前台服务人员。这是自助旅馆，你只能自己去找房间。你不知道哪一间房间是空的，可入住的。好在门上挂着标志"空"或"满"。一楼都满了，好不容易找到三楼，304房间是空的。你推门进去，这就住下了。

第二天，你出门办事，回来后被子没有整理。因为这是自助旅馆，自然没有服务人员打扫卫生。这期间你要停车，当然还得自己找停车位。第三天，有一个会议在旅馆召开，你回来后发现没有停车位了，只能停到几条街外的收费停车场。

住这样的旅馆是一种怎样的体验？

我们再来看其他类型的旅馆。你到前台，有服务人员替你登记，问你要双人床还是单人床，然后给你安排一个房间。停车服务员可以帮你把车停到地下车库，等你用时再帮你取车。住店期间，有人帮你打扫卫生，甚至提供洗衣服务。你还可以去健身房跑步游泳。

操作系统的管理团队

这两个旅馆的差别，在于是否使用专业的管理团队。而在计算机系统里，这个"管理团队"就是操作系统。它对各种资源进行管理和调配，提供客服以及其他辅助服务。它知道哪些设备在忙，哪些设备空闲，哪个文件存在哪里，哪些存储空间是空的。你要对计算机的任何资源进行访问都要经过它。

举一个简单的存文件的例子，你只要输入一个命令：save，它就能调配你需要的空间大小，创建一个文件名，把数据放进去，再把文件关上。同时提供一个指针，像钥匙一样，下次你再存文件时凭钥匙去打开。

20世纪40年代末到50年代中期，计算机刚刚被发明出来的时候，是没有操作系统的。程序员通过控制台直接和硬件打交道，就相当于住进了没有开展专业服务的自助旅馆。

游戏出来的 Unix

1964 年，贝尔实验室、麻省理工学院以及美国通用电气公司，为当时的计算机共同研发了一种分时操作系统 Multics。

什么是分时操作系统呢？

分时操作系统将计算机的时间划分成若干个片段，称为"时间片"。操作系统以时间片为单位，轮流为每个终端用户服务，执行用户的应用程序。在一台主机上连接多个带有显示器和键盘的终端，就可以同时允许多个用户通过主机的终端，以交互方式使用计算机，共享主机中硬件和软件的资源。在这里，资源（计算能力和存储空间）是共享的，由中央处理器统一管理。

为游戏而生的 Unix

1969 年，奋战了四年的 Multics 达不到计划中的性能，最后以失败而告终。

这件事让贝尔实验室的一个年轻人郁闷了。

这个年轻人，叫肯·汤普森（1943—2019）。不是我不想找到他年轻时的照片，实在是他年轻时的模样和年老时差不多啊。

▲ 年轻时和年老时的汤普森

他原先在 Multics 上设计了一个叫《太空旅行》的游戏——一种空闲的时候玩的太空游戏。

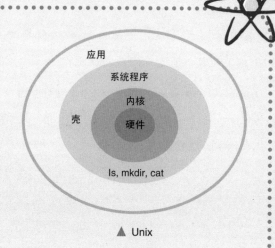

▲ Unix

这项目一终止，没办法太空旅行了——这就是他郁闷的原因。

不能玩游戏的程序员，人生的快乐少了一半啊。

于是，他把游戏程序移植到一台没人用的 PDP-7 小型机上。

然后，他又埋头苦干了一个月的时间，顺便在程序中加入了文件管理、进程管理的功能和一组实用工具。而这些，都是他用烦琐而笨重的汇编语言写出来的！

这个操作系统，取名 Unix。在英文里，multi- 这个前缀，含有多的意思；而 uni- 这个前缀，则是单独的意思。Unix，就是一种自嘲。

虽然名字不怎么样，但 Unix 取得了 Multics 无法企及的成就。

核与壳

那一年，汤普森 26 岁。

Unix 的设计思想就是要追求简洁。它在硬件外围开发了一层"核"的软件，直接调用硬件。

然后，为用户提供一个称为"壳"的接口，来访问操作系统。比如，你可以用"ls"浏览目录下有什么文件，你可以用"mkdir"创建一个子目录，你可以用"rm"删除文件，你可以用"cat"显示一个文本文件的内容。

Unix 的牛气劲，一下子吸引了另一位研究人员，他叫丹尼斯·里奇（1941—2011 年）。

1972 年，汤普森与里奇联手将 Unix 移植到当时最先进的大型机 PDP-2。由于 Unix 是真正的简洁、稳定且高效，大家立马放弃了 PDP-2 原配的 DEC 操作系统，而完全改用 Unix。

▲ 里奇

要知道硬件和操作系统由同一家公司开发，照理他们对系统如何高效运行，应该更加"门儿清"啊。玩游戏的汤普森和里奇打败了原配，这是非常不容易的。从此 Unix 在江湖一战扬名。

C 语言

1973 年，里奇开发出了 C 语言。C 语言灵活高效简洁，而且与硬件无关，这正是 Unix 移植所需要的法宝。

Unix 与 C 语言"双剑合璧"，完美结合在一起产生了新的可移植的 Unix 系统，可以"放之四海而皆准"了。

随着 Unix 的广泛使用，C 语言成了当时最受欢迎的编程语言，一直延续至今。Unix，也成了大型计算机和小型计算机的主流操作系统。

那时候，凡有 Unix 处必有 C，有 C 处必有 Unix。

20 世纪 80 年代到 21 世纪初，学计算机必学 C 语言。在计算机发展的历史上，没有哪一种程序设计语言像 C 语言这样应用广泛。里奇和布莱恩·W. 克尼汉合著的《C 程序设计语言》是介绍 C 语言的权威经典著作。

▲ 布莱恩·W. 克尼汉和《C 程序设计语言》

1983 年，汤普森和里奇获得图灵奖。

当今流行的操作系统：苹果的 Mac OS，谷歌的 Android，开源的 Linux，都是从 Unix 发展过来的。

可以说，没有汤普森和里奇，就没有 Unix，也就没有 Mac OS，没有乔布斯和苹果创造的 iPhone。

而这一切都起源于一个《太空旅行》的游戏——我们不得不佩服游戏的魅力。

▲ 汤普森和里奇。好吧，我承认你们在写程序，不是在玩游戏

Wintel
——史上最强大的组合

微软与DOS

1980 年，IBM 公司选中微软公司为其新的个人电脑（PC）编写关键的操作系统软件。由于时间紧迫、程序复杂，比尔·盖茨（1955—　）以 5 万美元的价格，从西雅图的一位程序编制者帕特森手中买下了一个操作系统的使用权，再把它改写为磁盘操作系统软件（MS-DOS）。

IBM PC 机的普及使 MS-DOS 取得了巨大的成功，因为其他 PC 制造者都希望与 IBM 兼容，MS-DOS 在很多家公司被特许使用，因此 20 世纪 80 年代，它成了个人电脑的标准操作系统。

MS-DOS 是管理个人电脑上硬件部件的系统软件。它是计算机里的大 boss。这个大 boss 不是一个人，而是一个团队。

在键盘上输入字符，操作系统的"键盘驱动小组"把它读进去，放到"内存小组"，命令"显示驱动小组"显示到屏幕上。

如果你要打印文件、存储文件，也是通过操作系统的"打印驱动小组""硬盘驱动小组"与打印机、硬盘打交道。

这些"小组"，就是操作系统里的一个个驱动程序。有些小组的存在，你会直接体会到。还有很多不显眼的幕后小组，比如，你用 Word 打字写报告，同时播放一曲轻音乐，这两件事同时在电脑上处理时，资源的调配，也是操作系统的任务。

从DOS到Windows

1983年，苹果公司的第一个图形用户界面（GUI）操作系统Apple Lisa诞生了。虽然当时的GUI系统相当不完善，但商业触觉敏锐的微软公司准确地预感到GUI将成为未来操作系统的潮流，所以，开始把目光从当时如日中天的MS-DOS系统转向了Windows系统。1985年11月，Microsoft Windows 1.0发布，"Windows王朝"正式拉开了序幕。

比较MS-DOS和Windows，你可以看出原始和现代，笨拙和灵活的鲜明对比。比如，在MS-DOS里，要复制一个文件，你必须手工输入命令"copy"。而在Windows里，你可以直接用鼠标把文件拉到（Drag and drop）指定的区域。

IBM自20世纪80年代开始，将处理器订单交给了Intel，操作系统订单交给了微软。IBM取代苹果成为个人电脑产业老大的同时，也养肥了Intel和微软这两家公司。

微软和英特尔为推动个人电脑产业的发展，组成了所谓的Wintel联盟。Wintel，即Windows-Intel，是指由微软的Windows操作系统与Intel的CPU所组成的个人计算机。

Wintel联盟的这两家企业，分别发挥各自在软件和硬件上的优势，渐渐垄断

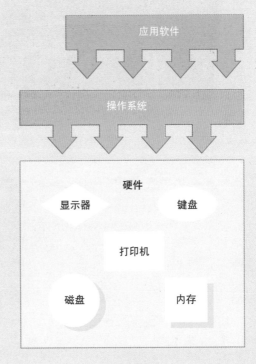

▲ MS-DOS

「大BOSS」操作系统

了 PC 市场，成为电脑产业的巨人。而微软，从 5 万美元买来的一个操作系统软件，在不到 40 年的时间内，成长为市值上万亿美元的企业。

微软的成长，是软件企业发展的一个缩影。科技创新、商业运作、激烈竞争，有无数精彩的故事，你若有兴趣，可以去大量发掘。

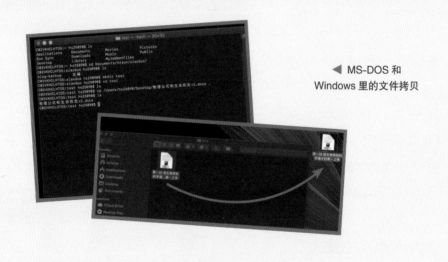

◀ MS-DOS 和
Windows 里的文件拷贝

Linux 的情怀

林纳斯·本纳第克特·托瓦兹（1969— ）是计算机界的一位"大神"，他在上大学的时候，本来是想购买 PC 操作系统的，但是，昂贵的价格让他望而却步，于是他决定自己写一个。

他居然凭一己之力，利用 Unix 的核心，编写了个人电脑上的操作系统——Linux，那一年他才 22 岁。然后，他公开和微软公司的 Windows "叫板"——不用花钱买 Windows，我这里免费。

林纳斯的贡献不仅仅是开发出了 Linux 操作系统的内核，还在于他扛起了开源软件的大旗。

开放源代码带来了更民主的开发方式，在这种方式下，使用者可以免费使用、复制、散布、研究、改进软件，好的主意被集体免费分享。而投身开源软件的人，大多是有情怀的理想主义者，期望通过无私的努力，让世界变得更加美好。

目前的 Linux 代码中，有 2% 是林纳斯编写的，而其余的代码来自成千上万有着相同信念的开源程序员。

▲ Linux

▲ MAC OS

▲ Windows

Linux 的标志和吉祥物是一只名字叫作 Tux 的企鹅。林纳斯曾在澳洲被动物园里的一只企鹅咬了一口，于是他便选择了企鹅作为 Linux 的标志。

企鹅的这双"快乐的大脚"，帮助软件世界成功地踢开了自由开放之门。从此，人们在购买电脑时，除了预装的 Windows 和苹果 Mac OS，还能选择免费又可爱的 Linux。

▲ 林纳斯

持久的情怀

Unix、Windows、Linux 这三大操作系统的开发过程，实际上体现了软件开发人员的三个族群：为了好玩，为了钱，为了情怀。这也是软件技术发展的三个主要动力。

汤普森在退休之后迷上了开飞机，继续他太空旅行的梦想。

盖茨在做了首富之后投身慈善，想着怎么把钱有意义地花掉。

而林纳斯，仍然在为开源软件发出他的光。这个"有一个小如星球的自我"的人，有着光明的"原力"，并凝聚起所有有着相同理想的人。

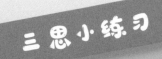

三思小练习

1. 请列出三件操作系统负责的事。

2. Unix 有哪两部分？

3. 开源的意思是什么？

To OS

亲爱的，
我把心跳、呼吸、脉搏、微笑、悲伤、
拥抱、挥手、眺望、徘徊……
列成清单，托付给你，
它们是核，我内心最深的秘密。

请你，用一层壳轻轻包裹，
青花的瓷器，月色做釉。
等那个叫作知音的人，
来倾听，来诉说，
云的今生，蝴蝶的前生。

看——
云间那道晚霞，
如此美丽，如此短暂，
是我唯一要save的瞬间。

注：操作系统OS是管理计算机内部硬件的系统软件。
Unix分为内核与外壳两部分。save存文件命令是OS的
一个功能。

计算机简史

机械式计算器
契克卡德 (1592 — 1635 年)
帕斯卡 (1623 —1662 年)

帕斯卡: 人类的全部尊严,就在于思想。

可编程计算机
巴贝奇 (1791—1871 年) , 艾达 (1815—1852 年)
艾肯 (1900—1973 年) , 霍普 (1906—1992 年)

巴贝奇给了计算机一个身体——硬件,而艾达
则给了计算机一个可塑造的灵魂——软件。

现代计算机之父
图灵 (1912—1954 年)
冯·诺伊曼 (1903—1957 年)

我们都生活在阴沟里,但仍有人仰望星空。

电子计算机
阿塔纳索夫 (1903—1995 年)
莫克利 (1907—1980 年)
埃克特 (1919—1995 年)

晶体管
巴丁 (1908—1991 年)
肖克莱 (1910—1989 年)
布拉顿 (1902—1987 年)

集成电路
基尔比 (1923—2005 年)
诺伊斯 (1927—1990 年)
摩尔 (1929—2023 年)

互联网的先驱
克莱洛克（1934— ），瑟夫（1943— ）
卡恩（1938— ），蒂姆·伯纳斯·李（1955— ）

互联网是献给生活在地球上的每一个人的。
互联网的精髓和价值，是互联和共享。

RISC
帕特森（1947— ），轩尼诗（1953— ）

模仿人脑
2017 年，TrueNorth 的规模已经达到了
40 亿个硅神经元，10 000 亿个突触

我们仿造的大脑达到一
定的水平之后，会不会
比人脑更聪明？

操作系统
汤普森（1943—2019 年），里奇（1941—2011 年）
比尔·盖茨（1955— ），林纳斯（1969— ）

只有情怀，才是最持久的。

量子计算机
美国物理学家费曼（1918—1988 年），
舒尔（1959— ）

最能发挥量子计算机威力的地方，是
在无数种可能中找到正确的解答。

计算机语言和程序
《计算机程序设计艺术》
被《美国科学家》期刊列
为 20 世纪最重要的 12
本物理科学类专著之一，
与爱因斯坦的《相对论》、
狄拉克的《量子力学》、
费曼的《量子电动力学》
等经典比肩而立。

高德纳（1938— ）

人工智能
2016 年"阿尔法
狗"战胜世界围棋
冠军李世石

计算机最后还能记得最初的那一段温情吗？

百年计算机

篇章名	科学概念	涉及科学家或科学事件	对应课本
语文老师和科学通才的第一之争	计算器	最早的计算器	小学科学课
编程的思想放光芒	打孔	打孔程序	初中物理
电子时代的传奇	电子管	最早的电脑	中学物理
两大天才：图灵和冯·诺伊曼	二进制	图灵和冯·诺伊曼	小学至中学数学
小小晶体管里面的小小恩怨	半导体材料	晶体管	中学物理
工程技术的魅力	集成电路	芯片制造	中学计算机
一顿关于逻辑的晚餐	与或非逻辑	布尔和辛顿	中学数学，计算机
语言的进阶	编程语言	c 语言	中学计算机
"大 BOSS"操作系统	操作系统	微软，Linux	小学至中学计算机
"1+1="在电脑里的奇遇	电脑硬件	电脑运行过程	中学计算机
全世界的计算机联合起来	互联网	克莱洛克	小学至中学计算机
把计算机穿戴在身上	物联网	智能手表	中学计算机
神经网络知多少？	人工神经网路	麦卡洛克和皮茨	
从"深度学习"到"强化学习"	人工智能，深度学习	阿尔法狗	
仿造一个大脑	超级计算机	米德	
将大脑接上电脑	脑机结合	大脑网络	
"喵星人"眼中的量子计算机	量子计算机	量子霸权	
人工智能	总结性章节	阿西莫夫	

两千年的物理

篇章名	科学概念	涉及科学家或科学事件	对应课本
第一个测出地球周长的人	平面几何，天文学	埃拉托色尼	小学
最早提出日心说的科学家	岁差现象，月食	阿里斯塔克	中学物理
史上视力最好的天文学家	一年有多少天	喜斯帕恰	中学物理
裸奔的科学家	浮力定律，圆	阿基米德	小学至初中物理、数学
让地球转动的人	太阳系系统，日心说	托勒密、哥白尼	中学物理
行星运动三大定律	行星轨道	第谷、开普勒	中学物理
科学史上的三个"父亲"头衔	重力、惯性	伽利略	中学物理
苹果有没有砸到牛顿	牛顿三大定律	牛顿	小学高年级至中学
法拉第建立电磁学大厦	电磁感应	法拉第	中学物理
写出最美方程的人	麦克斯韦方程	麦克斯韦	中学物理
它和"熵"这种怪物有关	热力学	玻尔兹曼	中学物理、化学
爱因斯坦的想象力	光电效应，相对论	爱因斯坦	中学物理
关于光的百年大辩论	波粒二象性	光的干涉实验等	中学物理
史上最强科学豪门	"行星原子"模型	玻尔、普朗克	中学物理
量子论剑	量子力学	爱因斯坦、玻尔	中学物理
宇宙大爆炸	红移	哈勃	小学至中学
物理学五大"神兽"	总结性章节	奥伯斯、薛定谔	
来自星星的我们	总结性章节	物理和化学	

三万年的数学

篇章名	科学概念	涉及科学家或 科学事件	对应课本
数的起源	数的起源	古人刻痕记事	小学一年级
位值计数	数位的概念	十进制、二进制等	小学至中学阶段
0 的来历	0	0 的由来	小学低阶
大数和小数	小数和大数	普朗克	小学中高年级
古代第一大数学门派	勾股定理	毕达哥拉斯	小学高年级
无理数的来历	无理数	毕达哥拉斯	小学高年级至中学
《几何原本》	平面几何	欧几里得的《几何原本》	初中
说不尽的圆之缘	圆周率 π	阿基米德，祖冲之	小学高年级至中学
黄金分割定律	黄金分割率	阿基米德，达·芬奇	初中
看懂代数	代数	鸡兔同笼，花剌子米	小学高年级至中学
对数的由来	对数	纳皮尔	初中
解析几何	解析几何，坐标系	笛卡儿	初中至高中
微积分	微积分	牛顿，莱布尼茨	初中到高中
无处不在的欧拉数	欧拉数	欧拉	初中到高中
概率统计"三大招"	概率论	高斯，贝叶斯	高中
虚数和复数	虚数、复数	高斯	初中到高中
非欧几何	非欧几何	黎曼	高中
从一到九	总结性章节	《几何原本》《九章算术》	